艺小品

兑宝峰◎编著

海峡出版发行集团 | 福建科学技术出版社
THE STRAITS PUBLISHING & DISTRIBUTING GROUP | FUJIAN SCIENCE & TECHNOLOGY PUBLISHING HOUSE

图书在版编目（CIP）数据

盆艺小品 / 兑宝峰编著. —福州：福建科学技术
出版社，2018.4
ISBN 978-7-5335-5453-8

Ⅰ.①盆…　Ⅱ.①兑…　Ⅲ.①盆景－观赏园艺
Ⅳ.①S668.1

中国版本图书馆CIP数据核字（2017）第255819号

书　　名	盆艺小品
编　　著	兑宝峰
出版发行	海峡出版发行集团
	福建科学技术出版社
社　　址	福州市东水路76号（邮编350001）
网　　址	www.fjstp.com
经　　销	福建新华发行（集团）有限责任公司
印　　刷	福建彩色印刷有限公司
开　　本	700毫米×1000毫米　1/16
印　　张	14
图　　文	224码
版　　次	2018年4月第1版
印　　次	2018年4月第1次印刷
书　　号	ISBN 978-7-5335-5453-8
定　　价	49.00元

书中如有印装质量问题，可直接向本社调换

PREFACE

序

　　非常赞赏宝峰先生关于"梦想是对生活的期许,是希望的幻化。没有梦想,生活便没了色彩;没有梦想,便失去了人生的快意……"的人生格言。更荣幸能结识这位平凡,但却常常连梦里都流连于自然物象,醉心徜徉,忘情山水,乐不思蜀的文人!

　　当今,流行于市面的盆艺小品,作为一种时尚艺术形式,它或可称为盆艺、趣味盆栽。它虽介于盆景与盆栽之间,但大多依然秉承中国盆景艺术的塑型手法,以植物为主要素材,以山石、盆钵等为载体,辅以赏石或其他附件,在小小的盆钵中营造出清新雅致的诗情画意,让万千自然意境重现于方寸之间。

　　与传统盆景艺术相比,这"应运而生"的盆艺小品,其规格、选材和形式都较为灵活,制作也相对简便,因此可以说是一种非常"接地气儿"的艺术形式。因其体态俊俏、制作简单、随意性强,必然成为向往绿色生活和崇尚自然的都市人追逐的时尚。

　　本书是宝峰先生"追求人与自然和谐,生活恬淡安逸"的自然序曲、田园梦华之一,期许每一位读者能如斯人般,与之共鸣,让笔者理想中那:婀娜飘逸的垂柳,苍劲古雅的老树,苍松翠柏,累累果实,大漠风光,青山绿水……这如诗如画、如梦如幻的五彩"梦境",超越现实,穿越时空,成为愉悦人们心智的完美境界!

王松岳

2018 年元月

FORWORD

写在前面

　　"与大自然亲密接触""将大自然搬回家",是现代都市人的渴望。而介于盆景与盆栽之间的盆艺小品就顺应了这种趋势,它能在小空间内表现大自然,在盆钵中营造梦想中的花园,咫尺方寸间体现对大自然的热爱。与"高大上"的盆景艺术相比,盆艺小品具有取材容易、成型时间短、制作简单自由等特点,是一种表现自然较为"接地气"的艺术形式,非常适合普通家庭和爱好者制作欣赏。

　　承蒙福建科学技术出版社的盛邀,编写了这部《盆艺小品》。在本书的编写过程中,得到了《花木盆景》杂志社李琴,《中国花卉报》薛倩、薛光卿,仙珍圜论坛的李筱莉、陈永刚、聂俏峰和"小二黑"(网名),王小军,张国军,尚建贞,王松岳,杨自强,张旭,骆景超,刘少红等朋友的帮助,郑州人民公园、郑州植物园、郑州绿城广场、郑州文化广场、郑州陈砦花市、郑州市碧沙岗公园,以及郑州贝利得花卉有限公司、"敝香斋"花店等单位的大力支持,在此特表示感谢。本书的部分照片摄自中国(南京)第七届盆景展、中国(广州番禺)第九届盆景展、上海东沃杯盆景精品邀请展、第三届全国网络会员盆景精品展(扬州),第十七届青州花博会以及河南省盆景协会、郑州市盆景协会举办的各种盆景展。

　　本书能够顺利完成,应该感谢过去的、现在的,我身边的、远在四面八方的,我的盆友,我的良师益友!这应该是我和他们共同的书!

　　水平有限,付梓仓促,错误难免,欢迎指正!

芃宝峰

C O N T E N T S

目 录

第一章

盆艺小品及其制作

第二章

草本植物小品

第三章

多肉植物小品

其他类型植物小品

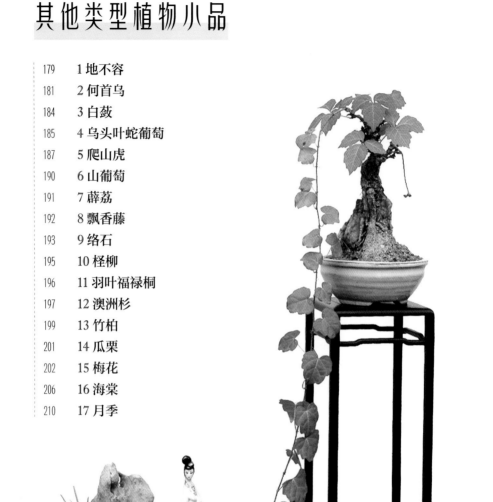

第一章

盆艺小品及其制作

在现代快节奏生活中，人们渴望与大自然亲密接触，而拥挤的居住环境、忙碌的生活节奏，是实现这一愿望的最大制约因素。于是，材料易得、制作简单随意、所占空间不多、较为"接地气"的盆艺小品应运而生，并已成为一些向往绿色生活、崇尚精神解脱都市人的生活时尚。

小贴士

小品由来

"小品"一词，在晋代就已经出现了，源自佛家，是指佛经中的简本（其详本称为"大品"），像《摩诃般若波罗蜜经》就有二十七卷本的《大品般若》和十卷本的《小品般若》。后来其意延伸，将单纯的、简洁的小作品称为小品。小品没有太复杂的内涵，形式也相对简单，像艺术领域的绘画小品、戏剧小品、摄影小品、小品文等。

■ 盆艺小品的概念

盆艺小品也称盆艺、趣味盆栽，是介于盆景与盆栽之间的一种艺术形式，它以植物为主要素材，以盆钵等为载体，辅以赏石或其他摆件，在有限的空间内营造无限的风景。与盆景相比，其规格、选材和形式都较为灵活，制作也相对简便。"小空间营造大自然""盆钵之中的自然艺术"等都是对其的解读。

1

**概念
与分类**

雅趣（王小军 作）

山花烂漫（敲香斋）

野趣（兑宝峰 作）

秋韵（兑宝峰 作）

仿张家界风光（兑宝峰 作）

盆艺小品按照风格、材料的不同，大致可分为野趣小品、时尚小品、插花小品、石玩小品、文玩小品等类型。

■ 野趣小品

野趣小品，以追求大自然的山野情趣为目标，将大自然中的花草树木艺术化地再现于盆钵等器皿之中。它吸收了盆景的一些创作手段，用植物营造自然、清雅或隽永的意境，具有自然、雅致等特点。

 小贴士

小品与盆景

小品，尤其是野趣小品与盆景有着千丝万缕的联系，二者之间的界限很难划分，有人甚至将其作为盆景的一个分支，与小型、微型盆景合称为"小品盆景"。有些作品很难分清是盆景还是小品。但总的来说，小品没有那么多条条框框的限制，其创作更为自由灵活，不需要对植物进行过多的修饰，以展示植物的自身魅力为主，适合表现山野小景、文人雅趣，通过一丛草、一块石就能够展现大自然的细微之美。

　　野趣小品的盆器宜选择小巧精致的紫砂盆、陶瓷盆、塑料盆、石盆，形状可以根据需要选择圆形、海棠形、梅花形、正方形、长方形、筒形、不规则形。除了微型花盆外，还可用小茶壶、茶杯、酒瓶、碗、竹筒、枯木、石头、老砖或其他器皿。总之，只要自己喜欢，能够保证植物在其内正常存活，不管什么材质、形状都可以使用，其色泽以自然、素雅为宜，不可过于鲜艳，以免喧宾夺主，影响表现力。

用小海螺做容器的小品

在茶壶中种小野草

玻璃景缸（馥香斋）

以竹筒为盆器的榆树小品（刘驰　作）

在老砖上种菖蒲（敲香斋）

黄绿色油点木配上黑色石盆

饰件配合题名，真的够沧桑了（李云龙　作）

亭（王宝林　作）

以酒瓶为容器的枸杞

制作野趣小品的材料并不难找，只要是习性强健、管理粗放、萌发力强、耐修剪的植物都可以使用，像红花酢浆草、'熔岩'酢浆草、虎耳草、姬麦冬、旱伞草、石菖蒲、各种竹子、以及各种观赏草、山野草，多肉植物中的花椿、玉椿、球松、虎刺梅、佛甲草、薄雪万年草，还有棕竹、怪柳、月季、何首乌、山葡萄等多种植物都可使用。甚至辣椒、韭菜、枸杞、茴香、胡萝卜等蔬菜，只要方法得当都能制作出新颖独特的小品。

草坪草植于盆中

用韭菜制作的小品

"野趣"小品虽然追求的是"野"，但也要"野"得有度，切不可杂乱无章；否则作品必将是泛自然化的，而不是艺术品。因此，制作小品时可根据植物的特点和习性，扬长避短，对植物进行适当的修饰整形，剔除凌乱的部分，使之"野"而不乱；利用植物的自然美、盆器的艺术美，营造出自己理想中的"掌上乾坤"，彰显"以小见大"的艺术魅力；注意构图的简洁扼要，使之虽小但不失艺术的完整性。根据需要可在盆面铺青苔、点缀奇石，以增加自然和谐的韵味；还可与一些瓷质或陶质的工艺品、观赏石组合搭配，营造出古雅自然、意境悠远的氛围。

文趣小品，也称文人小品，可以作为野趣小品的一个分支。其特点是突出"文人雅趣"，所选用的植物以竹、兰、石菖蒲（也可用文竹、旱伞草、南天竹等类似竹子和吊兰、麦冬等类似兰叶的植物替代）等具有中国传统文化底蕴的植物为主，盆器则要求质朴典雅，整体布局也要简洁明了，以"韵"取胜，意境为先，犹如国画中的小品，寥寥几笔就能勾画出清新淡雅的韵味。

松韵（宋建禄　作）

竹林雅趣

野趣（第十七届青州花博会）

花叶石菖蒲

红色酢浆草（第十七届青州花博会）

野趣（凌清泉　作）

秋韵（周炘　作）

小贴士

山野草

顾名思义，"山野草"通常是指来自大山旷野的草。其实，在观赏植物中"山野草"另有含义。

观赏植物中的山野草，也称饰草，是指一些富有野趣的装饰性草木植物，可用于搭配各种盆栽、盆景、雅石、文玩等，也可衍生为其他装饰性植物的统称。在盆景展览中，为了提升展示效果，增强装饰趣味性，常用山野草作配景，将其放在主树下面（在日本，山野草又称"下草"，即树下之草），来展示盆景所要表达的自然风情和山野逸趣。

悬崖式山楂盆景下面摆放的彩叶虎耳草与主景呼应，表现出秋的斑斓多彩（储梦媛　作）

彩叶虎耳草（储梦媛　作）

题名为《探幽》的铁马鞭盆景与右下的石菖蒲遥相呼应，起到了平衡画面的作用（郭细辛　作）

石菖蒲（郭细辛　作）

可以称为山野草的植物很多，除草本植物外，多肉植物、蕨类植物、苔藓、水草、藤本植物，甚至一些木本植物的小苗。总之，只要能够展现天然野趣的、具有一定景观效果的、能够在小盆中正常生长的植物，都可划归"山野草"的范围。

山野草是制作盆艺小品的重要材料，也是当代人追求自然、崇尚自然的体现，像备受推崇、红极一时的菖蒲就是山野草的一个类型。

山野草组合（戴月　作）

山野草小品（胡建平　作）

山野草小品（马景洲　作）

山野草（第三届全国微型小品盆景展）

野趣（王燕飞 作）

筒叶麒麟（张旭 提供）

■ 时尚小品

　　时尚小品也称植物造景、微景观、植物拼盘，是近年来较为流行的一种小品形式，具有形式丰富、内容活泼等特点。它以植物为主体，盆钵等器皿为载体，辅以各种摆件、小饰物，营造多种风格的景观，或华丽，或时尚，或优雅，或浪漫。总之，只要能想象得到的景致，就能在小品这一载体中表现出来。

　　与表现自然美景、文人雅趣的野趣小品相比，时尚小品的创作更为灵活，童

小自然（骆景超　提供）

话世界、浪漫家园、海滩风光、沙漠景观、海底世界等题材都能在盆钵中表现出来。其风格不拘，可以是古朴的中式风格，精致时尚的韩式、日式风格，或粗犷自然的欧美风格。其盆器更是丰富多彩，趣味盎然的卡通器皿，玻璃、枯木、海螺、贝壳等材料显示着不同的特性，甚至以往被抛弃的破损盆(为了表现某种效果，有些厂家还专门推出了模仿破损盆造型的盆器)、葫芦、酒瓶、茶杯、篮子、筐等经过处理，也能制作出趣味盎然的小品。其饰件则有时尚美女、帅哥，卡通动漫角色，海星、海螺、章鱼、鳄鱼、乌龟、小鸟、羊等各种趣味小动物，以及小蘑菇、休闲桌椅等。盆面除铺青苔外，还可根据意境表现的需要，在盆面撒上白色或蓝色石子，以表示海水、沙滩等场景。

阳光别墅（骆景超　提供）

时尚小品——浪漫岛（骆景超　提供）

花车（郑州人民公园）

家园（骆景超　提供）

梦（第十七届青州花博会）

趣（聂俏峰　作）

时尚小品——对弈（骆景超　提供）

温馨家园（骆景超　提供）

多彩

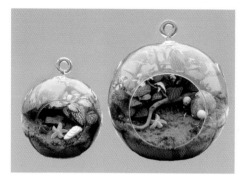

微景观——海底世界（骆景超　提供）

时尚小品——童话世界

时尚小品对植物品种也要求不严，草本植物、木本植物、多肉植物等都可使用。上盆时也不需要做过多的修饰，只将其植入盆中合适的位置即可。当然，上盆时要注意高低错落、前后呼应、主次分明，尤其不能过于密集，要为植物以后的生长留下空间，利于其正常生长。

总之，时尚小品是想象力和创意的集中体现，它无拘无束，自由活泼，"将梦想中的家园变成现实版的微景观"是其宗旨，这是当代人突出个性、享受自然、追求时尚的特性在园艺生活中的表现。

时尚植物小品的养护应根据不同品种的习性进行。对于大多数种类来说，平时应给予良好的通风和一定的光照，以避免植株徒长，防止腐烂。土壤应保持有一定的湿度，但不要积水。可酌情施一些薄肥，但肥水不宜过大，否则植株生长过快会影响造型；适当控制肥水，反而会收到良好的效果。等植物过于密集凌乱时，要及时分栽，重新造型，使之改头换面，常看常新。

▶▶　**小贴士**

组合盆栽及其制作

从广义上讲，组合盆栽也算是小品的一种形式。

所谓的组合盆栽，是通过艺术配置的手法，将多种观赏植物种植在一个容器中。它不仅具有插花艺术的丰富多彩，而且具有盆栽花卉观赏期长的优点，有着"活的花艺，动的雕塑"之美誉。

　　在制作组合盆栽时可以吸收花艺、盆景的一些技法，其间可点缀枯枝、干莲蓬以及小船、卡通人物等，以增加作品的表现力和趣味性。制作中要注意植物高低错落、疏密搭配，使之富有层次感；植物的色彩也要和谐自然，不可过多，否则会显得过于花哨，影响整体效果。此外，还应照顾到植物的习性，不要将习性反差过大的品种组合在一起。如喜欢湿润环境的蕨类和天南星科的红掌、龟甲芋是很好的搭配组合；而喜欢干燥和阳光充足环境的不同品种多肉植物可以组合在一起，但生长期不同类型的则不宜组合在一起。如果把冷凉季节生长、高温时候休眠的"冬型种"与温暖季节生长、冷凉季节休眠的"夏型种"放在一起就不便管理了。

童趣

和谐自然

园艺景缸——方寸雨林

多彩童年（第十七届青州花博会）

家园（第十七届青州花博会）

秀色可餐（第十七届青州花博会）

小憩（第十七届青州花博会）

心景（第十七届青州花博会）

家园

和谐共生

插花小品

插花小品以紫砂盆或汉白玉盆、瓷盆等盆器为载体，花材要求叶子不大，枝条优美，像微型月季以及柽柳、松树、爬墙虎、美女樱、天门冬、龙枣、鸢尾等都是不错的材料。制作时，可吸收盆景造型的一些手法，不做过多的雕琢与装饰，以花草植物自身的美来表现大自然的绚丽多彩和生机盎然。

【造型实例】

①采撷微型月季花、柽柳、爬山虎的嫩枝作为插花材料。

②将采好的花材放在水桶里备用。

③将柽柳多余的枝条剪掉，使其符合插花造型的要求；将向上生长的柽柳枝条用金属扎丝蟠扎造型，使之向下弯曲，呈依依的垂柳状。

④在柽柳周围插些天门冬的枝叶，以覆盖花泥；将过长的天门冬枝叶剪短，使其紧凑丰满；单盆小品完工后，配上奇石、几架、舟船、钓翁等摆件，陈列于博古架上，古雅秀美，富有诗情画意。

⑤将数件做好的插花作品有机地进行组合，并配上小几架，摆放在博古架上具有浓郁的中国传统文化特色。

插花小品制作实例1（王小军　作）

这种插花小品具有花材、器皿容易找，制作随意、简单等优点。大家可举一反三，自己动手制作，如利用家里一些小杯子、茶壶之类的器皿为容器，根据季节选择花材，甚至可以用随手摘取一些蔬菜、野草等做材料，将其制作成插花小品。这样就能在自然典雅的环境中领略生活的趣味。

插花小品制作实例2

树皮小品

选取纹路、皴裂像山石褶皱并有一定厚度的树皮，将其分割成大小不一的块，然后在表面铺上青苔，栽种薄雪万年草（该植物扦插非常容易成活，掐取长短合适的茎段直接插于树皮的缝隙之中，即可生根成活）等微小植物。栽种时，要注意疏与密的对比，使之犹如山石上生长的树木，自然而富有野趣；还可将两块，甚至数块树皮摆起来使用，使其高低错落，有较强的层次感；最后，将其摆放在白色浅盆中，做成山水景观，可在合适的位置摆放竹筏、舟船等饰件，使作品更加生动。需要指出是，由于这些树皮块不是固定在浅盆中，可随意改变位置，更改造型。

【造型实例】

①在树皮上栽种青苔和薄雪万年草。为了便于操作，可将树皮喷湿。

②将其摆在白色瓷板上，以便找出不足之处。"石"上的植物有些平淡，缺乏层次感。

③于是，就在"石"上栽种稍高一些的苔藓，并将盆器换成椭圆形汉白玉盆。在中央的"水面"放上竹筏，但竹筏有些大，作品显得有些小气。

④将竹筏换成两艘帆船，其纵深感增强，意境深远。

⑤将两"山石"合并，则是另一番景色。

⑥在左侧摆放竹筏，使作品富有生活情趣。

树皮小品制作实例

文玩小品

文玩小品是以赏石、瓶、盆、炉、钵、小屏风、几架、树根等器物，加上瓷质或陶质的人物、动物、亭台楼阁等，辅以小花、小草，以表现文人雅趣。它具有灵巧典雅、精致可爱的特性，是案头、书桌、茶台等处陈设的雅物。

制作文玩小品的材料很容易得到，像植物的枯枝、老树根，死亡的小盆景，修剪盆景时剪下的枝条，干枯的荷叶，莲蓬、山野草、葫芦、核桃、松果、贝壳、海螺，各种石刻、砖雕、木刻、根雕，小花瓶、杯碟、小篮子等器皿，盆景摆件或其他小工艺品，这些都是不错的材料，平时应注意积攒，以备不时之需。制作时要突出"雅趣"和"天

风干的野草也颇有特色

然"，讲究的是意趣天成。一段干枝枯木、几茎枯荷、数枝芦花就能表现出清雅之韵。

荷韵

老屋

牧归（王小军　作）

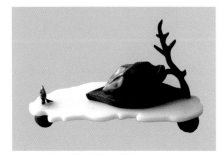

一叶知秋（张国军　作）

根艺小品（张国军　作）

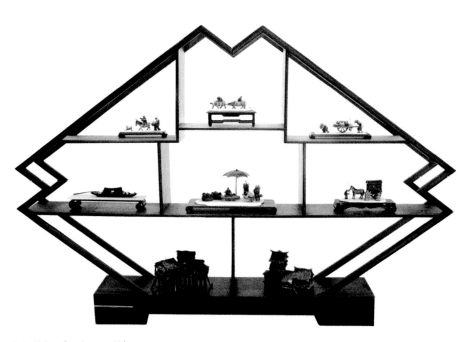

民俗情趣（顾宪旦　作）

根雕笔筒（兑宝峰 收藏）　几架风姿（王元康 收藏）

雅趣（张国军 收藏）

石玩小品

石玩，是将存在于自然界中有一定形态和艺术意味的原石，通过观察、发现以及加工、组合、装配等，用于陈列观赏。石玩与盆景、盆艺小品更是有着千丝万缕的联系，不少石玩摆于浅盆中，就是一件很好的山石盆景。在展出微型盆景的时候，通常都喜欢在其旁摆放不同形态的石玩作为陪衬。

微型石玩要求小巧精致，自然古拙，形状可根据自己的爱好进行选择，或配以几架，或单独欣赏。

所选的石玩应洗刷干净，使其洁净卫生。然后反复观察，选好观赏面和观赏角度。一般情况下，是采用"上轻下重，上小下大"的做法，这样才会稳重大方；如果要增加其动势，也可反其道而行，像一种叫"云头雨"的造型，就要大头朝上，小头朝下，这样看上去动感十足。

石玩一般取其天然意趣，很少进行加工，但对于那些粗糙的部位或其他影响观赏的部位，则可小心凿去。此外，还可将数块石玩进行组合，做成一个个生动的动物或人物造型，然后再进一步组合，使其形成一个个小故事或成语（像三个和尚、鹬蚌相争等）的意境，以增加趣味性。对于形态自然，形似假山的可以摆于盆钵之中，作成小山石盆景，自然雅致，意趣盎然。

石玩1（张国军　收藏）

石玩 2（张国军　收藏）

石玩 3（张国军　收藏）

最后根据石玩的形状配几座，其要领是"高石配矮座，卧石配扁座"，几座的色彩、形状、大小也要考虑。总之，几座与石玩要相得益彰，做到均衡、自然、大方、庄重。

石玩除单独欣赏外，还可与盆景、盆艺搭配，或营造景观，或点缀其下，平衡画面，增加景意，都能收到不错的效果。

盆景与石玩相得益彰（季坡　作）

2 创作技法

■ 单品成景

所谓的"单品成景"就是将单个品种，甚至单株植于盆中，除了有些盆面铺有青苔、点缀的小草外，不再搭配其他植物。这些小品通常以植物自身之美表现其人文精神，像竹子、菖蒲的清雅，秋海棠、非洲菊的娇艳，何首乌、络石等藤本植物的飘逸，多肉植物的奇特有趣，等等。

绿色的梦（郑州植物园）

秋韵（黄就成　作）

老而弥坚（彭甫凯　作）

非洲菊（郑州贝利得花卉有限公司）

■ 组合之妙

　　将不同种类或品种的植物组合在一个盆钵内，可以营造或浪漫，或温馨，或自然的氛围，展现植物的生态之美。组合时，应尽量选择植物习性相近的品种，以方便管理；注意高低错落，主次分明及色彩的搭配；种植时不要太密，应为以后植物的生长留下一定的空间。

　　像下面以'黑金刚'橡皮树为主要材料的那盆小品，盆面处理得很好，但三棵主树同高了，缺乏层次感。如果将其中的一棵'黑金刚'橡皮树斜着栽，使其产生高与低、直与斜的变化，效果就会好得多。

球（郑州人民公园）

石斛组合（第十七届青州花博会）

菖蒲与山野草组合（敲香斋）

花篮（博思花艺学校）

'黑金刚'橡皮树小品

■ 点石增趣

　　点石即在盆面点缀大小、形状适宜的石头（也可用形似山石的枯木代替），以突出野趣，营造自然和谐的地貌景观，并有平衡整体景观的作用。点石时同一盆内尽量选择同一种纹理、颜色相似的石种，摆放时也要注意纹理方向的一致性，切忌杂乱，以使整体风格统一。所点的石或高（大）于植物，或矮（小）于植物，不要与植物同等高度或大小，使之形成一定的反差，以增加小品层次感。

植物与石头有较大的反差，效果就好多了

A 图植物与石头几乎等高，视觉效果较为平淡；B 图由于两棵树之间有一定的反差，效果就好些

A 点石前的小人祭左侧有些空；B 配一块小石头后虽然好了点，但感觉还是不太理想；C 换了个大点儿的石头，重心较为稳定，效果好多了

安波沃大戟（张旭　提供）

时尚小品也需要石的点缀

菊石图（郑州人民公园）

用枯木替代山石（张旭　作）

■ 盆面装饰

小品制作完成后，应对盆面进行装饰，以增加作品的表现力。常用的装饰方法有铺青苔、栽种小草、撒石子（或陶粒、赤玉土）等颗粒材料，还可在盆面上撒些蓝色砂子表示"水域"。不论用什么方法，装饰都要与小品的整体风格相符，切不可色彩过于鲜艳，以免喧宾夺主，缺乏自然美感。

用蓝色砂子表示水

用蓝色砂子表示水

需要指出的是，由于真正的青苔对环境要求较为苛刻，很容易死亡，于是就有人用仿真青苔铺盆面。尽管有些高档的仿真青苔能够以假乱真，观赏效果很好，但它就像一块塑料毯子铺在盆面上，会影响土壤的透气性，使得土壤中的水分蒸发困难，时间长了会造成植物烂根，甚至死亡；而一些低劣的仿真苔藓，不仅看上去很假，而且还会有难闻的气味。因此，要尽量选择天然材料装饰盆面，即便使用仿真青苔，也要选择档次比较高的，更不要将其长期铺在盆面上，以免影响植物的生长。

真正的青苔

仿真青苔

■ 饰件应用

　　小品中的饰件，相当于盆景的摆件，主要作用是增加趣味，点明主题，营造氛围，使作品更加生动。

　　一般来讲，野趣小品的饰品与盆景中的摆件基本相同，像房屋、亭子、塔、桥梁等建筑物，牧童、渔夫、樵夫、对弈等人物，舟船、竹筏等水中运输工具，以及鹤、马、牛、羊等动物，这些都可以使用。但是，小品本身体量不大，其饰件也要求更为小巧，摆放宜少不宜多，也不宜过滥，点到为止，以起到画龙点睛之作用。必要时，还可将饰件放在盆外，营造一个场景，甚至将饰件与赏石、枯木等共同组成一个小品。

雅韵

相伴

醉花阴

古域情（翟理华　作）

相对而言，时尚小品的饰件就宽泛多了，像各种玩偶、卡通人物、时尚人物、海滩椅、篱笆、狗、兔子、长颈鹿、狮子、大象等，造型或逼真，或"萌萌"的，或夸张，风格极为丰富；材质除传统的陶质、瓷质外，还有树脂、塑胶等。

小天地（博思花艺学校 供稿）

温馨

趣

家园 （聂俏峰 作）

悠闲

小憩

■ 创作实例

二维画意小品

二维画意小品也称平面画意小品，就是以点、线、面相结合的方法，在平面上制作出有干、有枝、有叶或花朵的"树"形二维图案。下面就以多肉植物为例，介绍其制作方法。

将人小、形状、色彩合适花盆或者花瓶、山石横着埋在一个大的容器中（残破的花盆或花瓶，也可利用），露出土面 1/3 ~ 1/2，然后将一些树枝依照树干、

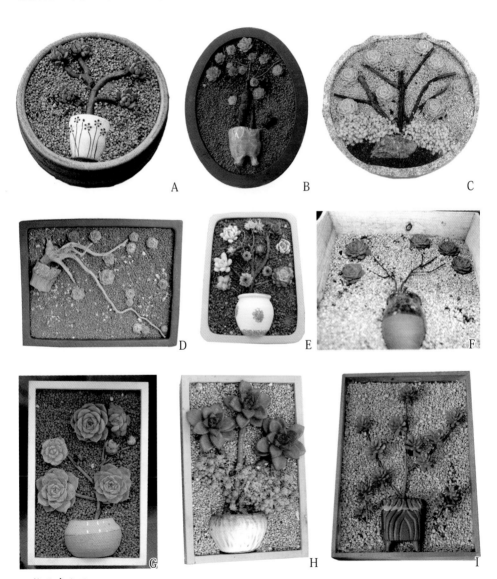

二维画意小品

树枝的顺序平着摆放在大的盆器内，作为植物的枝、干（一般来讲，植物都是干粗枝细，摆放时应尽量遵循这个规律，并注意"枝条"直与斜的变化，使之自然生动，避免呆板僵化），然后在枝头等部位种上静夜、姬莲、玉露等株型低矮、呈莲座状的多肉植物，作为"树"枝上绽放的花朵，为了增加表现力，还可在底部栽种佛甲草、薄雪万年草之类的矮型多肉植物，作为"草地"。最后盆面撒上一层赤玉土、石子等颗粒材料，使之洁净美观。这样，一盆新颖别致，富有画意的平面小品就完成了。

玉露二维画意小品

红盆子（小二黑　作）

除多肉植物外，还可用酢浆草等其他矮小植物制作此类小品。对于喜欢湿润的植物，还可在盆面铺上一层青苔作为底色植物，以突出其清雅的韵味。

月亮船

月亮船，取外形呈月牙状的容器，在里面种植各种植物，其新颖时尚，富有浪漫色彩。下面就以多肉植物为例，介绍其制作方法。

'熔岩'酢浆草画意小品（郑州贝利得花卉有限公司）

选取园艺包塑铁丝为"月亮船"的主体材料

用钳子等工具将其加工成所需要的形状

加工好的"月亮船"

在"月亮船"底部铺垫棕树皮，之上再放水苔之类的栽培材料

准备栽种植物，植物宜选择习性相近的品种，以方便以后的管理

美美的月亮船（小二黑　作）

可以举一反三，用这种方法制作花环、花篮或其他形式的月亮船。

此外，还可在月牙形花盆栽种其他类型的植物，像梅花、松树、柏树、菖蒲、月季等，题名多与月亮有关，像"月亮之上""月儿弯弯"等。

月亮之上（郑州人民公园）

月亮之上（郑州西流湖公园）

月儿（郑州西流湖公园）

月亮之上（柳长城　作）

月亮船

月亮之上

立式小品

立式小品就是把浅口盆或石板等器具竖立起来，放在特制的几架上，并在上面栽种植物，粘贴山石，最后再题名、落款，加盖印章，使之成为有生命力的国画。制作时都要精心构思，仔细推敲，并参考国画的一些表现手法，使之具有诗情画意。

根据摆放环境、地点的差异，选择不同规格的白色大理石浅盆或石板、塑料板以及大小与之相配的植物。选用的植物一般是要求植株矮小、叶片细小稠密、根系发达、耐移栽的品种，如六月雪、榕树、榔榆等。先根据立意进行初步造型，造型宜简练，并注意突出观赏面。

①根据事先的设计，在花盆合适的位置钻一个稍大点的孔，再依据所选择植物的株型，在这个孔的周围合适的位置钻几对小孔，供固定植株的根干用。找一个方形的硬塑料或金属花盆黏合在花盆背面孔洞的下方。把植物从原来的盆中扣出，用绳子把根部缠绕后穿过孔洞，再解除根部的缠绕物，种到硬塑料盆里。为了使景物更加自然优美，还应在观赏面孔洞周围粘贴几块山石，使植物好像从山石缝隙里长出来的。

②制作好的小品应配上以树根、石头等材料制成的几架，其几架风格要古朴自然，并具有较好的稳定性，小品放上去后要立得稳妥，不倒不歪。

立式小品制作实例

还可举一反三，将画幅做成扇面形或其他形状，植物也可随时调整。做出自然生动、新颖别致的小品。

不尽长江滚滚来（马长华　作）

江山多娇（郑州碧沙岗公园）　　　　江山如画（郑州碧沙岗公园）

　　近年来，有人还开发出一种立式相框盆器，可立着放在桌案上，栽种花草。用这种相框制成小品后，时尚清新，具有很好的装饰性。

以网纹草、白脉椒草为主要材料的　　相框式小品
相框式小品

　　此外，还有一种可挂在墙壁上的壁挂式盆器，材料以掏空内膛的卵石为主，兼有其他，可种植小型观赏凤梨、石菖蒲、文竹、常春藤、金玉菊、油点木等小型植物；还有人将旧轮胎涂色，将木材做成木框等几何形状，然后挂在墙壁上，

在适宜的位置栽种植物，制成小品。这类小品新颖别致，令人耳目一新。

壁挂式文竹小品

壁挂式油点木

壁挂式观赏凤梨

壁挂式石菖蒲

用旧轮胎制作的小品

木框式壁挂小品

　　由于立式小品的植物多栽种在小盆或山石的孔洞内，所贮存的养分、水分都不多，因此平时管理要小心谨慎，干旱时及时浇水，经常喷水，以保持有较高的空气湿度，使叶色清新润泽，充满生命力。根据树种及长势，可酌情施一些薄肥，以满足其生长的需要；但肥水也不能过大，以免植株徒长，失之雅趣，影响观赏。

象形小品

　　象形小品是用植物模仿古今人物、大自然中的各种动物以及传说中的神仙、龙、凤、麒麟等形象，它既有植物之形，又有动物、人物之神，奇特而有趣。适合制作此类作品的植物很多，如榕树、枸杞、黄荆、迎春花、六月雪等。制作时应根据树种、桩材的不同进行造型，使之形神兼备。既不能太像，否则有媚俗之感；也不能不像，以免有欺世之嫌；最好能在"似与不似"之间。以植物的形态塑造出各种不同动物、人物的神态，使之具有天然情趣，达到"既源于自然，又高于自然"的艺术效果。还可将树桩上的疤痕、朽洞、凸起等处制作成动物、人物的眼睛、嘴巴、鼻子。但不要刻意去追求这种效果，更不能用颜料画出动物或人物的嘴巴、眼睛等部位，否则会使作品显得做作，缺乏灵气。树冠的处理也要独具匠心，使其成为人物或动物的一部分，切不可游离于主题之外。

　　在制作象形式小品时，首先要选取形状合适的树桩，去掉多余的枝干、根，经"养坏"成活后，再用修剪、蟠扎、牵拉等方法对枝条进行造型，使之显现出动物的形态。

舞（敲香斋）

健身图（颜文雄　作）

翩翩起舞（杨自强　作）

舞者（左世新　作）

虾趣（左世新　作）

人像（左世新　作）

作品《鹿》取材于花市上的商品榕树，作者仔细审视后，去掉多余的枝干，剪掉腹部的气生根，使之呈现出鹿的形态，把一根枝条压入土中，作为鹿的前腿。在养护过程中，对右上部的两个分枝进行定向造型，使其呈鹿角状；把左侧干枯的小条作为鹿的尾巴，使其形态更加逼真。还利用榕树容易萌发不定芽的特点，在鹿嘴处保留一个小枝，犹如小鹿口噙青草，富有趣味。

鹿（杨自强　作）

3 陈列观赏

小品在生活中应用非常广泛，可摆放于茶几、桌案以及窗台等处，既可单独欣赏，又可与赏石、瓷器、陶器、小屏风、几架、小工艺品、根雕等共同构成一个场景，还可将其陈列在茶台上，在喝茶时欣赏。

课徒（郑州人民公园）

雅趣（王小军　作）

憩（王小军　作）

琴曲（敲香斋）

轻舟（王小军 作）

茶趣（尚建贞 作）

茶台上的小品

茶台上的小品

需要指出的是，不论什么样的植物小品都不要长期摆放在室内。这是因为大部分室内都不适合植物的生长，如果长期放在室内，轻者植株徒长，降低或失去观赏价值，重者烂根死亡；喜欢光照的月季、多肉植物等更是如此。因此，对于成型的小品平时最好放在环境较好的阳台、窗台、花圃等地方，需要时拿到相应处陈列欣赏，事后及时拿回原处养护，以免受损。

　　若要长期放在室内观赏，可在室内设置小型景台，配置补光灯、风扇、几架等设施，将小品陈列其内。摆放时要注意高低错落，既要有一定的变化，又要整体风格和谐统一，以营造自然而富有野趣的室内小景观。此外，还可在玻璃缸内制作园艺景箱。其内部有独立的生态系统，放在光线明亮之处养护，平时注意修剪整形，植物能够在里面长期存活，并保持美观。

景意组合（敲香斋）

第二章

草本植物小品

草本植物，俗称"草"。与被称作"树"的木本植物相比，其茎柔软多汁，植株相对矮小。例外的是像竹子、香蕉、芭蕉等植物，虽然也属于草本植物，但其植株比较高大，往往被看成"树"。按生长周期的不同，草本植物有一年生、二年生、多年生之分。多年生草本植物又可分为常绿草本和宿根草本，前者四季都能保持常绿状态；后者在寒冷的冬季或其他环境不利的情况下，地上部分枯萎，根部留在土壤中越冬，等翌年春季气候转暖后再萌发新芽。

旱伞草（*Cyperus alternifolius*）别名水竹、伞竹、水棕竹、风车草，为莎草科莎草属多年生植物。植株丛生，茎秆粗壮，直立生长，叶状苞片生于茎秆顶端，呈螺旋状排列，向四周呈伞状散开。品种有'矮旱伞草''银脉旱伞草'等。

繁殖可在生长季节进行播种、分株、扦插。

■ | **造型** 旱伞草株型潇洒，亭亭玉立，丛植于浅盆中，典雅秀美，颇有竹子的神韵。其植株生长密集，上盆时应注意修剪，剪去过密、过乱以及折断的茎秆，以形成疏密得当、错落有致的株型。此外，旱伞草的幼苗色彩翠绿，清新可爱，移至小盆，点以青苔，就是一盆满目苍翠、生机盎然的小品。单株的旱伞草颇有椰子树的风采，可用其模仿椰子树，制作具有热带海滩风光特色的小品。

1 旱伞草

竹韵（兑宝峰 作）

清幽（兑宝峰 作）

■ **养护** 旱伞草为沼泽植物，喜温暖湿润的半阴环境，不耐旱，也不耐寒。不论任何时候都要给予充足的水分，最好将盆器放在水盘内养护，以保持湿润。平时施肥不宜过多，甚至可以不施肥，以避免植株生长过旺，显得粗野，失之雅趣。其萌芽力强，生长迅速，可将密集的茎秆从基部剪去，以保持美观。冬季应移入室内光照充足处养护，不低于0℃可安全越冬。

----

2 金叶薹草（金叶苔草）

　　金叶薹草（*Carex*'Evergold'）也称金丝苔草、金叶苔草，为莎草科薹草属多年生植物。植株无茎。叶从基部丛生，细条形，两边叶缘为绿色，中央有黄白色纵条纹。

　　同属中还有古铜薹草也叫棕叶薹草，叶子成古铜色，用其制作的小品奇趣可爱，效果独特。

　　繁殖多用分株的方法，如果有种子，也可用播种繁殖。

■ **造型** 金叶薹草叶色优美，文雅飘逸，在制作小品时既可配石观赏，也可单独成景。由于其叶子较长，最好用较高的筒盆种植，这样可避免其叶与摆放花盆的台面发生摩擦而造成受伤干枯，并可使之自然下垂，显得秀美飘逸。

金叶薹草（郑州人民公园）

金叶薹草（敲香斋）

■ **养护** 金叶薹草喜温暖湿润和阳光充足的环境，耐半阴，怕积水，对土壤要求不严，但在疏松透气排水良好的沙质土壤中生长更好。生长期给予充足而柔和的光照，盛夏高温时候需适当遮阴，以防烈日暴晒，造成叶片灼伤。平时保持土壤湿润。金叶薹草耐瘠薄，平时不必施肥就能生长良好。

冬季应移入室内阳光充足处养护，不低于0℃可安全越冬。

金叶薹草（兑宝峰 作）

钻叶紫菀（*Aster subulatus*）也称瑞连草、九龙箭、土柴胡，为菊科紫菀属一年生草本植物。植株直立生长，茎基部及下部略呈红褐色，上部有分枝。叶披针形，全缘，形似竹叶。头状花序顶生，排成圆锥花序；小花淡红色，9～11月开放。

钻叶紫菀习性强健，在不少地区沦为杂草。制作小品除了用播种繁殖的植株外，还可掘取野生的植株。

■ **造型** 制作小品时宜3～5株植于浅盆中，做成丛林式造型。栽种时，要注意疏密得当，前后错落；在合适的高度短截，下部

3

钻叶紫菀

的分枝也要剪除，以使得枝干挺拔俊逸。当然，铺青苔、点石、安放配件等步骤也是必不可少的。

以下是一个钻叶紫菀小品的制作实例。

①刚上盆的钻叶紫菀叶子较大，分枝也不够，作品较为"单薄""野气"；

②经过一段时间的生长和初步修剪，形成了多级分枝，叶片变得小巧精致，但层次尚显不够；

③修剪后株形更加丰满而富有层次感，为了增加表现力，在盆面摆放了两匹小马；

④秋末，白色的小花与毛茸茸的种子相映成趣，又是一番景色。

钻叶紫菀小品制作过程（兑宝峰　作）

■ **养护**　钻叶紫菀喜温暖湿润和阳光充足的环境，在半阴处都能生长，但不耐旱。平时将花盆放在水盘内养护，以保持土壤和空气湿润。作为小品的钻叶紫菀不需要长得太快，可不必施肥。因其生长迅速，可随时掐去过长的茎枝，以促进侧枝的萌发；等侧枝长到一定的长度再打头。如此反复进行，即可形成顿挫刚健、层次分明的丛林景观。此外，经反复打头后其叶片也明显变小，更能突出小中见大、清秀典雅的特色。

钻叶紫菀为一年生植物，入冬后随着气候的变冷，会逐渐干枯，可将其丢弃。

小叶冷水花（*Pilea microphylla*）为荨麻科冷水花属多年生草本植物。植株直立或铺散生长。茎肉质，多分枝，密布条形钟乳体。叶很小，长仅 0.3 ~ 0.7 厘米；倒卵形至匙形，排列齐整，使枝叶自然成片状。

繁殖可用播种、扦插等方法。该植物有着很强的自播能力，在上年生长的地方，第二年的初夏就会有不少小苗长出，等其稍大些就可移栽上盆。

■ | **造型** 小叶冷水花枝叶纤细，层次分明，幼时匍匐生长，具有良好的覆盖性，是树桩盆景常用的铺面材料。在制作小品时，不必做过多的修饰，只需剪除杂乱的枝叶即可。此外，将其植于山石缝隙之中，片片枝叶青翠典雅，层次分明，也颇有特色。

作为盆景盆面的装饰植物小叶冷水花

小叶冷水花小品（兑宝峰 作）

■ | **养护** 小叶冷水花喜温暖湿润的半阴环境，对土壤要求不严，但在疏松肥沃的沙质土壤中生长更好。生长期应保持土壤湿润，施肥与否根据长势而定。冬季应移入室内光线明亮处养护，0℃以上可安全越冬。

4

小叶冷水花

天胡荽（*Hydrocotyle sibthorpioides*）为伞形科天胡荽属多年生植物。植株具细而长的匍匐茎，平铺在地上生长。叶片绿色，圆形或肾圆形，基部心形，叶缘有裂片。

繁殖可在生长季节进行分株、扦插。

■ | **造型** 天胡荽四季常青，常用于树桩盆景的盆面植物，也可用于水旱盆景或山石盆景地貌景观的营造。作为小品的天胡荽，用小盆栽种或植于山石上，满目青翠，其下垂的匍匐茎自然飘逸，富有野趣。

5

天胡荽

也可与菖蒲、苔藓等植物合栽，或在浅盆中营造高低起伏的地貌景观，将天胡荽植于其上，作水旱式造型。还可将根部的泥土洗净，用石子或砾石栽于小盆中，清秀典雅，绿意盎然。

春风又绿（兑宝峰　作）

天胡荽小品

用于盆景铺面的天胡荽

生机盎然（兑宝峰　作）

春江水暖（兑宝峰　作）

鹤冲天（兑宝峰　作）

■ | **养护** 天胡荽喜温暖湿润的半阴环境，不耐旱，怕烈日暴晒。平时宜放在无直射阳光处养护，但也不宜长期放在室内光线较弱处，否则枝叶徒长，影响观赏；保持土壤和空气湿润，勿使盆土过于干燥；其习性强健，施肥与否可灵活掌握。

南美天胡荽（*Hydrocotyle vulgaris*），别名铜钱草、圆币草、香菇草，为伞形科天胡荽属多年生挺水或湿生植物。具发达的地下匍匐茎，有长长的叶柄。叶圆伞形，直径2～4厘米，边缘有圆钝的锯齿，叶色翠绿富有光泽。伞形花序，小花黄绿色。花期春至秋。

繁殖可在生长季节分株。

■ | **造型** 南美天胡荽清秀翠绿的叶片玲珑精致，与修长的叶柄相得益彰，而且生长密集，种植于盆中很像一个小型"荷塘"，片片小"荷叶"苍翠欲滴。陈设于案头、几架，虽无"接天莲叶无穷碧"的大气磅礴，却也有欧阳修诗中"荷叶田田青照水"的意境。除用浅盆栽种做成小"荷塘"外，还可种植于不同形状的玻璃器皿或其他容器中，其亭亭玉立的翠叶在水中荡漾，极为美丽。

6

南美天胡荽

荷塘清韵

回归自然

亭亭玉立（兑宝峰 作）

荷叶田田（兑宝峰　作）

舒心

南美天胡荽小品

南美天胡荽小品

■ **养护**　南美天胡荽原产南美洲的热带东区，其叶柄对光线极为敏感，若光照不足，叶柄就会伸长，以获取更多的光照，但植株会变得羸弱不堪。因此，生长期要求有充足的阳光，即便是放在室内观赏，也要摆放在光线明亮之处。南美天胡荽适宜在肥沃的土壤中生长，要求有充足的水分，可用底部无排水孔的盆钵栽培，以保持有足够的水分。作为盆艺小品，不要求其生长太快，可不必施肥，以维持小品的完美。冬季应移至室内光照充足处养护，不低于 0℃可安全越冬。栽培中要注意摘除黄叶、烂叶或其他影响美观的叶子，生长旺盛时注意剪除过多的叶片，以增加内部的通风透气，有利于其正常生长。

姬麦冬（*Ophiopogon japonicus* var. *nana*）也称矮麦冬、玉龙草、沿阶玉龙草，为百合科沿阶草属多年生草本植物。根系发达，长20厘米，几乎无茎。叶丛生，长5～10厘米，窄线形，墨绿色，革质，稍有弯曲。

繁殖多用分株的方法。

■ **造型** 姬麦冬植株不大，叶片形似兰叶，制作小品时可参考国画中"兰石图"的构图形式，用姬麦冬代表兰叶，将其植于盆中；根据画意点缀奇石；最后铺上青苔，剪除伤损枯败的叶子，以保持美观。也可利用其根系发达的特点，将粗根露出土面，以增加自然古雅的意趣。

【造型实例】

①种植在长方形盆中的姬麦冬过于拥挤，缺乏必要的层次；

②将其分成两盆，上盆后摘除干枯及过于密集的叶子，但不必像国兰的叶子那样疏朗飘逸，而是在一定范围内表现该植物"植株密集，叶片细小"的特点，并在盆面点缀天胡荽、赏石，铺青苔，使其既清雅，又不失大自然之野趣；

③其中的一盆叶子有些密集；

④剪除部分叶子，呈现出玲珑通透、疏密有致的效果。

姬麦冬小品造型实例（兑宝峰　作）

姬麦冬小品

相伴

露根式姬麦冬小品（王小军　作）

■ **养护**　姬麦冬对光
照要求不严，在全光照至
半阴处、荫蔽的林下等地
方都能生长；不择土壤，
但在腐殖质丰富、排水良
好的土壤中生长更好。生
长期宜保持盆土湿润，应
经常向植株喷水，以保持

姬麦冬小品（马景洲　作）

叶色清新润泽，防止叶尖干枯。每月施1次稀薄液肥或以氮肥为主的复合肥可使
叶色浓绿美观。由于姬麦冬生长速度不是很快，不必每年都换盆，可2～3年当
植株拥挤时换1次盆，结合翻盆将过密的植株分开。平时应注意摘除干枯、密集
的叶子，以保持美观。

8 虎耳草

　　虎耳草（*Saxifraga stolonifera*）也称石荷叶、金丝荷叶、金线吊
芙蓉、老虎耳，为虎耳草科虎耳草属多年生常绿植物。具匍匐茎，其
顶端有小的植株。基生叶心形或肾形、扁圆形，叶面绿色，被有腺毛，
具白色脉状纹，背面紫色。品种有'花叶虎耳草''姬虎耳草'（也
称大文子草）等，其中'花叶虎耳草'又有'御所车''雪夜花'等
品系。

　　繁殖以分株、扦插为主。

■ **造型**　虎耳草可用小盆栽种，或植于山石之上，或与菖蒲搭配，
或独植；要注意修剪掉残破的叶子和其他影响美观的叶子，以保持其
清雅秀美；对于气生根、匍匐茎可适当保留，以增加小品的飘逸感。

虎耳草（郑州人民公园）

石之缘（敲香斋）

叠翠

花叶虎耳草小品（戴月　作）

姬虎耳草（吴吉成　作）

姬虎耳草（敲香斋）

壶中春色（敲香斋）

姬虎耳草（郑志林　作）

种植在山石的虎耳草（敲香斋）

虎耳草小品（王小军　作）

■　**养护**　虎耳草喜温暖湿润的半阴环境，怕烈日暴晒，也不耐旱。盆土要求含腐殖质丰富，疏松肥沃。平时保持土壤和空气湿润，使叶色清新润泽，每 15 天左右施 1 次薄肥。冬季应移入室内光线明亮处养护，能耐 0℃以上的低温。

9 矾根

矾根（*Heuchera micrantha*）又名珊瑚铃，为虎耳草科矾根属多年生宿根草本植物。叶基生，阔心形。小花钟状，红色或粉色（与品种有关系，一般来讲，叶子是绿色的品种花色较浅，甚至接近白色，红色叶子的品种花为红色），两侧对称。

矾根的品种很多，叶的颜色也十分丰富，有紫红色的'紫色宫殿''烈火'，鲜红色的'饴糖'，黄绿色的'香茅'，深绿色的'孔雀石'，以及橙色、银白、黄色等，每种颜色又有深浅的变化，有些品种叶面上还有美丽的斑纹、镶边、与叶色反差较大的叶脉株。

可用分株、播种等方法。

■ | **造型** 矾根叶色丰富，斑斓多彩，植于精
致的小盆中即成为清新雅致的小品，其绚丽的
叶色和精致的花朵都非常迷人。

矾根（吴吉成 作）

矾根的花

■ | **养护** 矾根原产北美洲，喜冷凉的半阴环境，性耐寒，有些品种能耐 −29℃
的低温，一般品种也能耐 −15℃的低温。盛夏高温季节宜适当遮光，以避免烈日
暴晒。其他季节则给予明亮的光照。浇水掌握"见干见湿"的原则，等表层的土
干了再浇水；尤其是夏季更要防涝，以免因过湿引起叶片腐烂，甚至因积水造成
植株烂掉。

矾根耐瘠薄，不用施肥就能正常生长，如果氮肥用量过多，反而影响叶色的
美观。适宜在排水透气性良好，含有腐殖质的微酸性或中性土壤中生长，在黏重
的土壤上则生长不良。

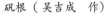

槭叶草（*Mukdenia rossii*）因其红色的花蕾映衬白色的花朵，犹
如丹顶鹤的脑袋一般，故在日本称为"丹顶草"；为虎耳草科槭叶草
属多年生草本植物。具粗壮的根茎，被暗褐色鳞片。叶基生，有长柄，
叶片掌状近圆形，基部心形，不分裂或 3 ~ 7 裂，裂片边缘有锯齿。

槭叶草的繁殖以春季分株为主。

■ | **造型** 槭叶草一般不做过多的修饰，直接上盆即可，但要剪除
干枯、残破以及过大的叶子，以使其清秀典雅，并在盆面铺上青苔，
以增加自然野趣。

10

**槭
叶
草**

■ **养护** 槭叶草原产我国的吉林、辽宁，朝鲜半岛及日本也有分布，生长在山谷岩石或山坡石砾上，喜温暖湿润和明亮的光照，耐寒冷和干旱，也耐潮湿。宜用排水透气性良好、具有一定颗粒度的土壤栽培。除盛夏高温季节适当遮阴外，其他季

槭叶草（刘彦秀 作）

节都要给予明亮的光照，以避免植株徒长。平时应保持土壤和空气湿润。春季新芽萌动时，施薄肥 2 ～ 3 次。

养护中应及时摘除泛黄、老化以及其他影响美观的叶子，必要时甚至可将叶子全部摘除，只保留根茎部分，勿忘浇水，7 ～ 10 天就会有鲜嫩可爱的新叶长出。该植物的叶子在夏天会转为青铜绿色，并有红色纹理，非常美丽。

11 白脉椒草

白脉椒草（ *Peperomia puteolata* ）为胡椒科椒草属（也称豆瓣绿属）多年生草本植物。植株易丛生，茎直立生长，红褐色。叶 3 ～ 4 片轮生，质厚，稍呈肉质，椭圆形，全缘；叶色深绿，新叶略呈红褐色，在光照充足条件下尤为明显，叶面有凹陷的月牙形白色脉纹。

同属中的圆叶椒草、柳叶椒草、斧叶椒草、塔椒草等，亦可用来制作小品。

繁殖可用分株、扦插等方法。

■ **造型** 白脉椒草株型不大，叶色对比强烈。制作小品时可数株组合，作成丛林景观；上盆时应注意高低错落，配以奇石，玲珑秀美，清爽宜人。斧叶椒草等品种则可根据植株多分枝、叶片不大的特点，制作成悬崖型、大树型等形式的小品。

■ **养护** 白脉椒草喜温暖、湿润的半阴环境，稍耐干旱，不耐寒，忌阴湿。对空气湿度要求不是很高，能在干燥的居室内正常生长。平时浇水"宁少勿多"。春、夏、秋三季要适当遮光，太强的光线对植株生长不利；但光线过弱又会使叶片变的暗淡，白色脉纹不明显。平

时应注意摘除基部枯萎、发黄的叶片，剪除影响株型的枝条，以保持美观；注意摘心，以促使其分枝。当植株衰老、观赏价值降低时，应及时繁殖新的植株，对其进行更新。

每1～2年的春季换盆1次，盆土要求疏松透气、含腐殖质丰富、排水性良好的土壤，可用腐叶土或泥炭土加少量的珍珠岩或蛭石混匀后配制。

斧叶椒草小品

白脉椒草小品（吴雪亮　作）

网纹草（*Fittonia verschaffeltii*）别名费道花、银网草，为爵床科网纹草属多年生常绿草本植物。植株低矮，直立或呈匍匐状生长，叶对生，卵形或椭圆形，全株被有茸毛。根据品种的不同，叶面上有红色或白色网状脉。有'白网纹草''小叶白网纹草''深红网纹草'以及'火焰'等园艺种。

网纹草多用扦插的方法繁殖，在适宜的环境中一年四季都可进行，尤其以5～7月成活率为最高。由于该植物是常见的观叶植物，不少花市都有出售，可购买形态佳者制作小品。

■｜造型　网纹草的造型有悬崖式、大树型等，因其茎较脆，容易折断，操作时要小心谨慎，以免折断损伤。造型时也不能用蟠扎、牵

12
网纹草

引等常规方法，应以修剪为主，剪去多余的枝叶，对于需要弯曲的枝条，可先改变种植方向或将花盆倒着放，利用植物向上生长的习性，改变生长方向，使之形成一定的弯度，然后再恢复原来的种植角度。上盆时根据植株的具体形态，选择不同的栽种角度，或正或斜或垂，制作不同款式的小品。

蕉石图（兑宝峰 作）

好大一棵树（兑宝峰 作）

崖上秋韵（兑宝峰 作）

　　由于网纹草的叶形及叶与茎的比例跟芭蕉的株型近似，还可模仿国画中的"蕉石图"，方法是将数株网纹草组合，植于长方形或椭圆形花盆的一隅，配以赏石，以表现其清秀典雅的韵味。栽好后再进行1次细细的修剪，将基部较大的叶子剪除，使整体造型疏朗通透，并根据需要在盆面点石，铺青苔。

　　在时尚小品中，网纹草可与多

爱心（郑州陈砦花市）

种植物搭配，营造不同的景观，其红色的叶片醒目而美丽，有着锦上添花的意趣。

多彩生活（郑州陈砦花市）

童趣

简约（郑州陈砦花市）

多彩世界

■ **养护**　网纹草喜温暖湿润的半阴环境，不耐寒，怕干旱，适宜在含腐殖质丰富，疏松肥沃的土壤中生长，摆放时最好将观赏面朝着有光线的一面，以利用植物的趋光性，展示最美的一面。生长期应保持土壤湿润而不积水，夏季高温时水分蒸发快，空气干燥，应注意向植株及周围喷水，以增加空气湿度，避免叶片萎蔫。栽培中要注意修剪，及时剪除影响美观的枝叶，以促发侧枝，形成紧凑刚健的株型。

　　冬季置于室内阳光充足处，温度最好保持在13℃以上，否则会造成部分叶片脱落，低于8℃则受冻害。

13 苔藓

苔藓（Bryophyte），是地球上较为原始的植物，约有 1.8 万种，小品中常用的有葫芦藓、并齿藓、黑藓、短月藓、尖叶短月藓、立碗藓等。其体型细小低矮，色泽翠绿，常成片生长。在盆景或小品中可用作盆面的铺设，代表青草，覆盖裸露的土壤，增加作品的美感。其实，苔藓亦可单独成景，做成不同形式的微景观小品，时尚自然，很有特色。

用于制作小品的苔藓，可在野外或温室等较为湿润的环境中采集，但要注意观察是否有虫子之类的生物，以免将害虫带回家中，造成泛滥，影响其他植物的生长。

■ **造型** 苔藓最可爱之处就是具有良好的覆盖性，看上去就像一层毛茸茸的"绿毯子"，因此单独种在石盆或卡通盆内都十分养眼；也可与蕨类植物或其他小型植物组合，做成高低错落的植物生态群落；或种植在山石、朽木、树皮上，以表现其原生态之美；或将苔藓做成跌宕起伏的地貌形态，配上小绿植或山石，典雅秀美，颇有"文艺范儿"；或将苔藓植于透明的玻璃器皿内，配以山石及卡通人物、动物、房屋等，做成如梦如幻的童话景观，趣味盎然。需要指出的是，一直作为"配角"的苔藓作为"主角"出现在小品中，应给予其应有的地位，辅助植物切不可喧宾夺主，影响整体造型。

松韵（李兆祥　作）

青山

归舟（兑宝峰　作）

壶中春色

竞秀

绿意盎然（方寸雨林）

童真（聂俏峰　作）

童趣

　　苔藓因种类的不同，植株也有高低、疏密的差异，有些种类甚至能达到5厘米的高度。还有一些苔藓，孢子葶能高出植株数厘米，可利用这个特性，进行组合，营造高低错落的景观。

驰骋（兑宝峰　作）

　　■　**养护**　苔藓喜湿润的环境，养护中应经常用洁净的水喷洒，有条件的话，最好将其放在封闭而透光的环境中养护，以保持湿度，使其色泽翠绿鲜嫩，但要留有通气孔，以免闷热潮湿造成苔藓腐烂死亡，还可将盆器放在水盘内养护，以保持必要的土壤空气湿度。

卡通娃娃（博思花艺学校提供）　　　　　绿意盎然（博思花艺学校提供）

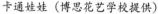

14

蕨类植物

　　蕨类（Fern）植物是地球上较为古老的植物，其种类繁多，耐阴性好，虽然没有娇艳的花朵，但其叶子青翠，是优良的观叶植物。制作小品常用的品种有卷柏、狼尾蕨、铁线蕨、石苇等。

　　蕨类植物的繁殖可用分株、播孢子等方法。

■ **造型**　制作小品的蕨类可选择植株矮小的品种，将其植于小盆中，自然秀雅，富有野趣。除了土栽外，某些品种还可用石子、卵石固定根系，植于水盆中观赏。根据具体形态的差异，选择不同的形态的盆钵器皿，上盆时或直立或倾斜或横卧或倒悬，以表现不同的风姿。对于贴在地面生长的种类，可与其他种类的蕨类植物、苔藓以及其他习性相近的小花小草合栽，栽种时应注意主次分明、色彩搭配协调，在方寸之间展现大自然的生态之美。由于蕨类植物生长较快，上盆时要给植物留下必要的生长空间。

卷柏（康传健　作）

狼尾蕨（第十七届青州花博会）

卷柏（兑宝峰　作）

卷柏（兑宝峰　作）

铁线蕨

蕨类小品（薛倩　提供）

野趣

狼尾蕨（李伟　作）

■ **养护**　蕨类植物喜温暖湿润的半阴环境，大部分品种怕烈日暴晒。平时可放在光线明亮又无直射阳光处养护。勤喷水和浇水，甚至可以将盆器放在水盘内养护，以保持必要的空气和土壤湿度，有利于植株生长，防止叶片发黄。当植株生长拥挤、影响美观时，应及时分栽，重新布置。

15

木贼

木贼（*Equisetum hyemale*）别名接骨草、节节草、笔头草、千峰草、笔筒草、锉草，为木贼科木贼属多年生草本植物。具粗短的根状茎，黑褐色，横生地下；地上枝直立，无分枝或仅在基部有分枝；有节，中空，表皮粗糙；有竖棱，绿色或黄绿色。另有'姬木贼'，由日本引进，植株较为矮小，非常适合制作小品。

木贼的繁殖可用分株、播孢子等方法。它在我国各地分布很广，在不少地区已沦为杂草，可在春夏季节到河边、林下、农田等处挖掘采集，运输途中注意保持湿润，移栽很容易成活。

■ **造型**　由于木贼属"光杆司令"类型的植物，没有叶子，只有绿色茎枝。可用浅盆栽种，以衬托其亭亭玉立的风采；也可与其他矮

木贼（李伟　作）

生植物合栽，形成高低错落的景观。木贼株型挺拔秀美，除剪除干枯发黄的茎枝外，不必做过多的修饰，以表现植物的自然美。

■ **养护**　木贼喜温暖湿润的和阳光充足的环境，虽然在半阴处也能生长，但植株会徒长，甚至倒伏，因此一定要给予充足的光照，才能形成苗壮挺拔的株型。不耐旱，不论什么时候都要保持湿润，亦可将盆器放在水盘内养护。平时注意剪除影响美观的杂乱茎枝。越冬温度宜保持 0℃以上。

庭菖蒲（*Sisyrinchium rosulatum*）为鸢尾科庭菖蒲属多年生植物。株高 15 ～ 25 厘米。须根纤细。茎细，下部有分枝，节常呈膝状弯曲。叶狭条形，互生或基生。花序顶生，花色有淡紫、灰白、蓝等颜色，喉部黄色，花期 4 ～ 5 月。

庭菖蒲的繁殖以播种和分株为主。

■ **造型**　庭菖蒲叶子挺拔向上生长，造型时可根据这个特点，单丛独植于小盆中，以表现植物清雅的韵味；也可数丛错落有致地合植于长盆中，以彰显大自然之野趣。因其植株呈密集丛生状，上盆时注意疏剪，除去过密、过长以及枯黄的枝叶。若株丛太大，可分成数丛，分别栽种。栽种时注意植株角度的选择，如果直着栽显得呆板的话，可略微倾斜一些，以增加作品的动感。并在盆面点石，栽种天胡荽之类的喜湿润的小草，铺青苔，以营造和谐自然的地貌景观，使其整体风格统一协调。

16

庭菖蒲

庭菖蒲的花

庭菖蒲数丛合植（兑宝峰　作）

单丛庭菖蒲（兑宝峰　作）

■ | **养护**　庭菖蒲原产北美洲，喜温暖湿润和阳光充足的环境，耐半阴，对土壤要求不严，但在肥沃疏松的沙质土壤中生长最好。生长期宜放在光线明亮之处养护。由于盆器较小，水分蒸发快，应经常浇水和向植株喷水，以保持土壤、空气湿润，但也不要土壤长期积水或将植株泡在水里，以免基部腐烂。作为小品栽培的庭菖蒲不需要生长太快，栽培中可不必施肥，但在花期可向叶面喷施磷酸二氢钾，以补充磷钾肥，有利于开花。平时注意剪除枯黄的叶子，甚至可在夏季将老叶全部剪除，不久即有清新秀美的新叶萌发。

17

石菖蒲

　　石菖蒲（*Acorus gramineus*）别名凌水楼、十香和、水剑草、昌阳，为天南星科菖蒲属多年生草本植物。株高10～20厘米或更小，叶生于短茎上，基部扁平如扇。叶剑状细线形，浓绿有光泽，无明显的中脉。肉穗花序长3.5～10厘米，佛焰苞叶状，为肉穗花序的2～5倍或更长。

　　石菖蒲的品种很多，传统品种有'金钱石菖蒲''虎须石菖蒲''花叶石菖蒲'等。近年又从日本、韩国引进了'黄金姬石菖蒲''有栖川石菖蒲''迷你石菖蒲''姬石菖蒲''贵船苔''极姬石菖蒲'（姬，源自日本，是小的意思，极姬，表示该石菖蒲是极其小的品种）等石菖蒲品种。

石菖蒲组（菖蒲工坊）

极姬石菖蒲（菖蒲工坊）

石菖蒲小品（季照祥　作）

极姬石菖蒲（菖蒲工坊）

小贴士

石菖蒲、水菖蒲及其他菖蒲

不少人常把石菖蒲与水菖蒲混为一谈，其实这是两种完全不同的植物。前面已经介绍了石菖蒲，下面就认识一下水菖蒲。

水菖蒲（*Acorus calamus*）又名菖蒲、白菖蒲，为天南星科菖蒲属多年生草本植物，根状茎粗壮，匍匐生长，叶丛生，剑形，细长，有隆起的中脉，花葶短于叶片，花序由绿色的叶状佛焰苞、肉穗花序柱状组成，花期4～7月。8月果熟，小浆果倒卵形，排列密集，红色。

水菖蒲也是一种极具中国传统文化品味的植物。在我国的民间，水菖蒲还是一种具有防疫祛邪作用的灵草，不少地区端午节时都有悬艾叶和水菖蒲叶于门、窗，饮菖蒲酒，以驱避邪疫的习俗。水菖蒲株型端庄秀丽，叶片碧绿挺拔，用其制作小品自然清新，富有雅韵。

除水菖蒲、石菖蒲外，在鸢尾科植物中还有唐菖蒲、花菖蒲、黄菖蒲、庭菖蒲，香蒲科的香蒲等"菖蒲"种类。此外，在日韩等国家把"野洲花菖蒲""蓝花姬菖蒲""汉拿石菖蒲"等具有菖蒲气韵的鸢尾科小型植物也划归为菖蒲类。

■ **造型**　石菖蒲植株不大，玲珑秀美，制作小品时或单株成景，或数株组合，或者配以赏石，做成水旱式、附石式、附木式等造型。盆器宜选择紫砂盆、瓷盆、大理石盆、天然石盆等，色彩要求素雅，不可过于鲜艳，以突出其自然清雅的韵味。先在盆中用泥土或赏石堆砌出高低起伏的自然

枯木上的石菖蒲

菖蒲（王松岳　提供）

水旱式石菖蒲盆景（周炘　作）

地貌，然后在其上栽种石菖蒲，以模仿山间溪水的景观，栽种时注意疏密得到和布局合理。也可种好石菖蒲后，在盆中合适的位置点缀赏石，模仿国画中的兰石图，以彰显其高洁雅致的特色。

石菖蒲可直接栽种在枯木、竹筒、山石或仿制品的盆器内，以表现大自然之野趣。石菖蒲也可与苔藓或其他山野草组合，营造高低错落的景观效果；与小兔、马、鹤、鹿、舟楫等饰件结合，以增加作品的趣味性。

制作完工的小品应在盆面铺上一层青苔或颗粒性材料，以避免泥土裸露，影响美观。对于水景小品还可在盆中放一些马蹄金的叶子、雏菊的花朵等，以表示荷叶、荷花，营造荷塘清雅自然的景色。

石菖蒲（敲香斋）

石菖蒲小品（李伟 作）

石菖蒲小品（刘冬 作）

草石缘

石缘（王小军 作）

雅趣（敲香斋）

雅趣（张志明　作）

趣

野趣（刘冬　作）

荷塘小景（郑州贝利得花卉有限公司）

案头小景（郑州陈砦花市郑汴路店）

归舟（敲香斋）

回归自然（束存一　作）

养护 石菖蒲在我国有着悠久栽培历史，古人曾总结出其盆栽养护方法："以砂栽之，至春剪洗，愈剪愈细，甚者根长二三分，叶长寸许。"《群芳谱》记载："春迟出，夏不惜，秋水深，冬藏密。"

秀

又云："添水不换水，添水使其润泽，换水伤其元气。见天不见日，见天挹雨露，见日恐粗黄。宜剪不宜分，频剪则短细，频分则粗稀。浸根不浸叶，浸根则滋生，浸叶则溃烂。"这些记载说的就是石菖蒲种养之道。

石菖蒲喜温暖湿润和半阴或荫蔽的环境，怕烈日暴晒，不耐干旱和干燥，有一定的耐寒性。平时可植于空气湿润、光线明亮又无直射阳光处养护，这样可保持其株型的低矮，勤浇水。对于较小盆器栽种的植株可将花盆放在盛水的盘中养护，以保持空气和土壤湿润，避免因环境干燥引起的植株生长不良。夏季高温季节注意通风良好，避免闷热的环境。生长期可每月施1次稀薄的液肥，以满足其生长对养分的需要，防止因养分供应不足引起的叶子发黄，叶色黯淡。冬季应移入室内，不低于5℃可安全越冬。栽培中石菖蒲的老叶或叶尖会发黄，可用将其剪掉，以保持美观。

每2年左右翻盆1次，盆土可用含腐殖质丰富的壤土、沙质土壤，也可用石子水培或赤玉土等颗粒土，但不宜用黏重土。

龟背竹（*Monstera deliciosa*）为天南星科龟背竹属多年生半攀缘植物。叶片心形，幼小时无裂口；随着植株的长大，叶片会出现羽状深裂，叶脉间有椭圆形穿孔。另有斜叶龟背竹，也称穿孔龟背竹、迷你龟背竹，其植株不大，叶片较小，叶缘完整，叶面上有大小不等的圆洞。

同为天南星科常绿植物的尖尾芋（"滴水观音"的一种）因其叶子不大，株型潇洒，亦可用来制作此类小品。除单株栽种外，还可数

18

龟背竹

株组合，也颇有趣味，水培效果亦佳。

■│**造型**　由于成年的龟背竹叶片很大，因此要用其幼苗制作小品。方法是在生长季节剪取健壮的茎段，长短要求不严，但要有芽眼，先横向埋在沙土中令其生根，不久就会萌发幼芽，长出新的叶片。而叶片较小的斜叶龟背竹则可挑选大小合适的植株直接上观赏盆。盆土要求疏松透气，但不必过于肥沃，以控制植株长势，保持作品的美观。栽种时应注意前后左右的位置，使其错落有致，栽后可在盆面铺设青苔，点缀赏石，安放饰件。这样一盆清新雅致、叶片翠绿、气生根飘逸的龟背竹小品就做好了。

尖尾芋

龟背竹

水培尖尾芋

■ | **养护**　龟背竹喜温暖湿润的半阴环境，耐阴，但怕烈日暴晒。平时浇水不要过大，保持盆土湿润即可；不要施太多的肥，否则植株生长过快，叶片太大，失之雅趣。适当控制水肥，使植株长得慢些，可收到良好的观赏效果；但可经常用小喷壶向叶面喷水，以增加空气湿度，使叶色碧绿光亮，避免叶片边缘枯焦。如气生根过长，可将其埋入土壤中。冬季放在室内，不低于0℃即可安全越冬。1～2年后植株生长过大，应重新培养幼苗，制作新的小品。原来的植株可移植于较大的花盆中，作为观叶植株栽培。

19

红掌

　　红掌（*Anthurium andraeanum*）也称花烛，为天南星科花烛属多年生常绿草本植物。茎节短。叶自基部生出，叶柄细长。佛焰苞革质，并有蜡质光泽，有红色、橙红色、白色、淡绿色等。肉穗花序柱状，黄色，在适宜的环境中可常年开花不断。其园艺种丰富，花色、植株大小都有很大差别。

　　红掌的繁殖以分株、组培为主，用于制作小品的红掌可到花市或生产基地购买小型的植株，具有省事、方便等优点。

■ | **造型**　红掌的叶柄、花葶都很长，亭亭玉立，在制作小品时可将植株栽于长盆一侧，配以春羽或其他习性相近的小花、小草，以丰富层次，增加表现力。

花之韵　　　　　　　　　　　扬帆远航

■ **养护** 红掌喜温暖湿润的半阴环境，不耐寒，也不耐旱，也怕强光暴晒。适宜在含腐殖质丰富、疏松透气的微酸性土壤中生长，忌盐碱，可用泥炭、珍珠岩、沙混合配制，并将pH值调整到5.5～6.5。平时放在光线明亮又无直射阳光处养护，生长期保持土壤和空气湿润。每15～20天施1次腐熟的稀薄液肥，开花期应减少浇水，增施磷钾肥，以延长花期；花后及时剪去残花。冬季最好保持10℃以上，以免遭受冻害。

20 金钱树

金钱树（*Zamioculcas zamiifolia*）因肥厚的叶片排列整齐、酷似铜钱而得名，另有雪铁芋、金币树、泽米叶天南星等别名，为天南星科雪铁芋属多年生常绿草本植物。地下有类似土豆的浅黄褐色块状茎；地上部分我们看到的类似茎的东西只是它的叶轴，并非真正的茎，其基部膨大，肥壮丰腴。叶呈厚革质，绿色，有金属光泽。佛焰花苞绿色，船形，肉穗花序较短。

金钱树的繁殖可在生长季节进行分株或叶片扦插。

■ **造型** 金钱树植株葳蕤繁茂，在小品中可作为背景材料，用其象征绵延的森林，在前面摆放赏石，栽种矮生植物，做出自然起伏的地貌形态，以表现林木伟岸的景象；也可将其植于长盆一侧，另一侧点石配景，表现其清雅的一面。

■ **养护** 金钱树原产非洲东部的坦桑尼亚，喜温暖、稍微干燥的半阴环境，耐干旱，忌强光暴晒，稍耐阴，怕寒冷和盆土积水。生长期保持盆土稍微偏干，偶尔浇过量的水也不要紧，但盆土不宜长期积水。对光线要求不是太严，可长期放在室内陈列观赏，新叶抽生时不能过分阴暗，否则会导致新抽的嫩叶细长，小叶间距稀疏，造成株型松散不紧凑，影响观赏，夏季要放在阴棚下或其他无直射阳光处养护，以防止烈日灼伤新抽的嫩叶。冬季应移到室内光线明亮的地方，维持

金钱树

10℃左右的室温；不要浇太多的水，以免在低温条件下，土壤过湿引起根系腐烂。生长期每20～30天松1次土，使土壤始终有良好的透气性。

每2年左右翻盆1次，盆土要求具有良好的排水透气性，可用泥炭、粗沙（或珍珠岩、炉渣）加少量的园土混匀，再加少量的缓效性肥料，并将其调到呈微酸状态（pH6～6.5）。

---

21 红花酢浆草

红花酢浆草（*Oxalis corymbosa*）也称夜合梅、酸味草，为酢浆草科酢浆草属多年生常绿草本植物。叶基生，具长柄；小叶3枚，绿色，被毛或近似于无毛。总花梗基生，二歧聚伞花序，小花粉红色至紫红色。

■ 造型　红花酢浆草植株无茎，地下部分具球状鳞茎，外层鳞片膜质，褐色。生长多年的鳞茎层叠累累，犹如一串串微缩版的"糖葫芦"，而由数个"糖葫芦"组成的群生株高低错落，古雅清奇，与娇艳的花朵、青翠的叶片相映成趣，很有特色。可在春季或生长季节挖掘那些生长多年的植株作为备用材料。挖掘时，应谨慎小心，切勿碰伤块茎，以免影响造型；受伤后会导致伤口感染，造成块茎腐烂。如果万一不小心碰伤，可在伤口处涂抹木炭粉或多菌灵之类的物品，以免腐烂。

红花酢浆草在上盆时根据根茎的形状差异选择不同的盆器，或单株成景，或数株组合，对于较大的群体则可分成数株栽种。无论什么样的种植都要将根茎露出土面，并将老叶剪去，以减少水分蒸发，保证成活。栽种时应做到高低错落有致，注意角度的选择，使之层次分明、富有变化。

红花酢浆草（兑宝峰　作）

红花酢浆草（赵达　作）

红花酢浆草小品（兑宝峰 作）　　　红花酢浆草小品（兑宝峰 作）

红花酢浆草之新叶（兑宝峰 作）　　　红花酢浆草小品（郑州贝利得花卉有限公司）

■ **养护**　红花酢浆草喜温暖湿润、阳光充足的环境，也耐干旱和半阴。作为小品，受到盆器的限制，土壤少根系难以舒展，因此日常管理不可粗放。在自然状态下，其根茎是埋在土壤里的，需要一定的湿度才能健康生长；而对于小品，一定要将根茎露出土面才有较高的观赏性。为了解决两者之间的矛盾，除在平时勤喷水外，还可在土面的根茎裹上青苔、苔藓等，以保持湿润。短期的干旱虽然不会造成植株死亡，但叶片会萎蔫发黄。因此，平时一定要保持土壤湿润，但不要积水，以免根茎腐烂。

　平时放在室外阳光充足处养护，以促使其叶柄短粗，叶片小巧精致，株型矮壮紧凑，有利于开花；而光照不足则会造成徒长，叶柄变得细长，容易倒伏，叶片也变大，难以开花。红花酢浆草有着较强的趋光性，摆放时应将观赏面朝着有光的一面，这样可使叶子朝着一面生长，较为符合人们的审美标准。其叶片以稀疏为美，叶子的萌发力也很强，可择机剪掉老叶，以使得叶子错落有致、疏密得当，并促发清新动人的新叶，表现出"老干翠叶相映成趣"的意趣；对于枯黄、破损或其他影响美观的叶子，过多、过乱的叶子，以及开败的残花都要及时剪除，以保持美观。

　红花酢浆草耐瘠薄，作为小品也不需要生长太快，因此平时不必施肥；但在春秋季节，可每10天向叶面喷施1次磷酸二氢钾、"花多多"之类的以磷钾为主的液肥，以促进其开花。红花酢浆草在夏季高温时有短暂的休眠，其生长停滞，新叶不再萌发，可放在通风凉爽处养护，避免闷热的环境。冬季则应放在室内光照充足之处，不低于0℃可安全越冬。

　每年春天翻盆1次，盆土宜用疏松肥沃、排水良好的沙质土壤。

- -

22 '熔岩'酢浆草

　'熔岩'酢浆草（*Oxalis 'Sunset Velvet'*）因其叶略似枫叶，又被称为"小红枫酢浆草"，为酢浆草科酢浆草属多年生草本植物。植株无根状茎或球根，有分枝和须根，茎枝呈丛生状，红色。掌状复叶，具长柄；小叶3枚，心形。其茎、叶在阳光充足、昼夜温差较大的环境中呈红色，而在半阴或其他光照不足的环境中颜色较淡，呈绿色。小花黄色，主要集中在春秋季节开放。其叶与花具有昼开夜合的习性；在失水、强光暴晒的情况下，其叶也会呈闭合下垂状态。

　'熔岩'酢浆草的繁殖以扦插为主，春秋季节成活率最高，

'熔岩'酢浆草的花

如果冬季有良好的保温措施也可进行，盛夏高温时则不宜进行。插穗可选择健壮充实的顶梢，剪去下部的叶子，插入泥炭等介质中。只要此后保持土壤和空气湿润，避免烈日暴晒，就很容易生根。此外，也可进行分株繁殖。

■ │ **造型** 制作小品可选择那些生长时间长，有明显主茎、侧枝的植株，可利用其茎、叶红艳的特点，表现"层林尽染"的秋天景色，主要有丛林式、双干式、直干式、悬崖式、临水式等造型。由于是草本植物，茎较脆，易折断，可通过改变种植角度、修剪等方法使之达到理想的效果。

'熔岩'酢浆草在小品中应用极为广泛，可制作平面二维画；可利用其植物低矮、株型紧凑的特点，与赏石搭配，或单独成景，或作为其他盆景或小品的盆面点缀植物，营造自然和谐的地貌形态；还可将其植于放有栽培介质的无纺布或较为密实的纱网上，然后放在枯死的树桩盆景枝头，作为其枝叶，也很有趣。

跳动的秋色（兑宝峰 作）

霜林绛

光照不足时'熔岩'酢浆草的叶子是绿的

层林尽染（张国军 作）

秋韵（兑宝峰　作）　　　　　　　　　　林（兑宝峰　作）

‘熔岩’酢浆草植于枯死盆景的枝头　　　‘熔岩’酢浆草与其他植物搭配，营造的自然地
（郑州贝利得花卉有限公司）　　　　　貌景观

　　造型一般在春秋季节进行，根据造型需要选择不同的盆器。一般来讲，丛林式宜选择稍浅或中等深度的盆器，以表现其视野的开阔；悬崖式则宜用较深的盆器，以表现其潇洒飘逸的神韵。盆土要求含腐殖质丰富、疏松透气、保水性良好，可用草炭掺珍珠岩混合配制。上盆后根据需要剪除多余的枝叶，注意使其高低错落有致，做到有藏有露、疏密得当，使之以小见大，表现大自然中林木葱茏的景色。最后在盆面点缀赏石，栽种小草，铺上青苔，使地貌自然起伏。新上盆的植株放

多彩的山林（兑宝峰　作）

在无直射阳光处缓苗一周左右，期间注意浇水和喷水，以保持土壤、空气湿润，等叶子舒展后再进行正常的管理。刚合栽的植株叶子有红有绿属于正常现象，在相同环境下养护1周左右叶色就会变得一致。

需要指出的是，'熔岩'酢浆草在春秋季节扦插非常容易成活，无论老枝、嫩枝只要插入土壤都能生根成活。在制作丛林式小品时，可根据需要剪取形状、长短合适的枝条，插在相应的位置，约1周就会生根成为新株。

【造型实例】

《秋江帆影》制作

①两盆'熔岩'酢浆草，其中的一盆由于光照不足，叶子不是那么红艳。为了更好地表现秋色，选取了叶色较红的那盆作为制作盆景的材料。

②椭圆形汉白玉浅盆很能突出视野的宽阔。

③将植株从培养盆中扣出，从中选取一丛高低错落、疏密得当的丛生株作为主景，剔除多余的植株和土壤。

④在汉白玉浅盆的一侧堆土，栽种选好的'熔岩'酢浆草，以盆中的空白表现"江水"，如同国画中的留白，并做出曲折有致的水岸线。

⑤在盆的另一侧种一丛小的'熔岩'酢浆草作为配景，以增加透视感，使作品产生远与近的变化。

⑥铺上青苔，根据需要点缀山石。

⑦铺好青苔后，对细部进行修整，剪去影响美观的枝叶，清除盆面的浮土，使之洁净美观。

⑧在"水"的部分摆放一只帆船，使景"活"起来，但远景似乎还有些欠缺。

⑨于是，在远处的江岸摆放一只灰白色的小亭子作为衬景，使作品有了虚实、远近的对比。

秋江帆影（张国军　作）

《南山秋韵》制作

①后来又将《秋江帆影》移至长方形浅盆中，做成丛林式造型的作品，并在盆面点缀山石，铺青苔，营造出自然起伏的地貌形态。

②中间的位置有些空缺，就摆了匹低头食草的马，以平衡画面；题名"南山秋韵"，以表现"刀枪入库，马放南山"的太平景象。

南山秋韵（张国军　作）

组合之趣

'熔岩'酢浆草小品(也包括其他小品)，除单盆观赏外，还可两盆或数盆组合，搭配饰件，营造不同的氛围，有着 1 ＋ 1 ＞ 2 的艺术效果。

将《好大一棵树》和《秋韵》两件单盆的'熔岩'酢浆草小品组合后，题名"秋江"，其纵深感增强，意境更加悠远，表现效果明显提高。

秋韵

好大一棵树

秋江（兑宝峰　作）

■ | **养护** '熔岩'酢浆草喜温暖湿润和阳光充足的环境，不耐寒，怕积水，也不耐长期干旱。春秋季节的生长期可放在光照明亮处养护，如果光照不足，叶色变绿，难以呈现出其特有的红艳之色；水肥过大，尤其是氮肥过量，也会造成叶色变绿。因此，平时浇水和施肥都不可过多，保持土壤湿润即可。若长期干旱，则会造成叶子萎蔫，茎发软，甚至倒伏。遇到这种情况，可将植株带盆在清水中浸泡一段时间，等其吸足水分后，即可恢复正常。夏季高温时，植株生长缓慢，甚至完全停滞，此时可放在通风凉爽之处养护，避免闷热的环境，不可在烈日下暴晒，以免强光灼伤叶子，造成死亡。冬季放在室内阳光充足之处，最好保持5℃以上的室温，并有一定的昼夜温差。

'熔岩'酢浆草萌发力强，生长期应注意剪除影响造型的枝叶（剪下的枝条可供扦插繁殖）；其花单独观赏虽然也很美，但作为小品，是以红艳的叶色、小中见大的造型取胜的，过大的花朵往往影响意境的表现，"小树开大花"显得不伦不类，而且杂乱无章。因此，要随时掐去花朵。在小品中，'熔岩'酢浆草以叶片小巧、稠密为美，可通过增加光照、控水等方法来实现。

'熔岩'酢浆草的花朵与矮小的树身不成比例（左），剪去花朵效果就好多了（兑宝峰 作）

23 秋海棠

　　秋海棠（*Begonia grandis*）为秋海棠科秋海棠属多年生草本植物。其品种繁多，大致可分为观花、观叶、球根等不同的类型。叶片的大小、形状和色彩也有很大差异，适宜制作小品的是株型不大、叶片玲珑的品种，像观花的四季秋海棠，观叶的天使翼秋海棠、虎斑秋海棠等。

　　可用扦插或播种的方法繁殖。

■ │ **造型**　秋海棠可根据株型制作不同形式的小品，因其茎枝较脆，不宜用蟠扎的方法造型。上盆时可考虑用改变栽种角度，将原本直立生长的植株倾斜栽种，使之具有一定动势，并剪去影响美观的枝条和叶子。

秋海棠小品（敲香斋）

■ 养护 秋海棠喜温暖湿润的半阴环境，烈日暴晒和过于荫蔽都不利于植物的生长，适宜在疏松肥沃、含腐殖质丰富的土壤中生长。平时养护中应保持土壤湿润而不积水，每月施1次稀薄液肥；及时剪去残花及影响美观的枝叶；冬季应移入室内阳光充足处养护，5℃以上可安全越冬。

归舟（王小军　作）

24
鸡冠花

鸡冠花（*Celosia cristata*）为苋科青葙属一年生草本植物。花聚生于顶部，形如鸡冠状；除了鸡冠状花序外，还有火炬状、绒球状、羽毛状、扇面状、穗状等变化。花色以紫红、红、暗红等红色系列为主，其他还有白、黄、橙、淡绿以及复色等变化。

■ 造型 用于制作小品的鸡冠花要选择植株低矮、叶子不大的品种，最好是穗状花序，使之较为符合自然规律。可在春季或其他季节用播种方法繁殖，方法是将种子播于穴盘或其他小盆中，出苗后给予充足的光照，勿使水肥过大，尤其是氮肥不能过多，由于受容器大小的限制，根系不能舒展，吸收的养分有限，植株10厘米左右即可形成花序。

花序透色后可将其移到稍大的观赏盆内。移栽时应注意保护根系，勿使土团散了。单株栽种时应配以赏石，以免显得单薄；丛林式组合应注意植株的高低错落、疏密有致，切不可都选高度一致的植株。如果种苗高低一致，

穴盘内的鸡冠花

再回首（兑宝峰　作）　　　　　妙笔生花（兑宝峰　作）

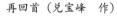

可将一些植株斜着栽，这样就产生了高与矮、直与斜的对比，并剪去下部过密或影响造型的叶子，使之疏朗通透，富有层次感。

■　**养护**　新栽的植株一定要浇透水，放在无直射阳光处进行缓苗一周左右，此后要给予相对充足的光照，保持土壤湿润而不积水，每2周左右喷1次磷酸二氢钾溶液，以补充养分，延长观赏期。由于鸡冠花是一年生植物，入秋后会逐渐枯萎，等其失去观赏价值后将植株丢弃。

25 针叶福禄考

针叶福禄考（*Phlox subulata*）也称丛生福禄考、针叶天蓝绣球，为花葱科天蓝绣球属多年生草本植物。植株低矮，匍匐生长，多分枝，老茎半木质化。叶针状，簇生，革质。花高脚碟状，花瓣4枚，有白色、紫红色、粉红色等颜色。花期以春季为主，除冬季外，其他季节也有零星的花朵开放。

繁殖可用分株或扦插、播种等方法。

针叶福禄考的花

■ | **造型** 针叶福禄考植株密集，开花繁多，有着"开花机器"的美誉。但作为小品则应以疏朗简约为美，可在春季选择适宜的植株移入盆中，作"丛林式"造型。上盆时应注意高与矮、疏与密的对比，切不可密不透风；同时也不要将所有的植株栽在同一条线上，应使其前后错落，具有一定的层次感。栽后在盆面点石、铺青苔，并点缀其他小草，营造出自然起伏的地貌景观，以表现春天遍地花开的野趣。

开花繁茂的针叶福禄考

野趣（兑宝峰　作）

■ | **养护** 丛生福禄考习性强健，适应性强，耐寒冷，也耐高温，耐贫瘠和干旱，对土壤要求不严，盆栽以疏松肥沃的土壤为佳。平时保持土壤湿润，但不要积水，花期前后，可喷施磷酸二氢钾溶液，以补充养分，有利于其开花。花后应及时剪除残花，平时也要剪去影响美观的杂乱枝蔓，以保持作品的美观。

冬天，针叶福禄考的叶子会变成灰绿色，不是很美观，可将其从盆中掘出，栽种在室外的花圃或大盆中，等翌年春天再选合适的植株重新制作。

空气凤梨（Airplant）简称"空凤"，因不需要栽种在泥土中，放在空气中就能正常生长而得名，它还有空气花、空气草、木柄凤梨、空气铁兰等别名；为凤梨科铁兰属草本植物。其品种很多，形态有着很大的差异，有的像章鱼，有的蜿蜒扭曲，有的像老人胡须，有的像绸缎做的花朵，千姿百态，极具个性美。

空气凤梨的繁殖以分株为主，每年的花后植株周围会长出许多小株，等这些小株长到一定大小时用锋利的刀将其切下，3～5天内不要喷水，等伤口干燥后再可进行正常管理。如果能采集到种子，也可用播种的方法繁殖。

■ | **造型** 空气凤梨的大部分种类原产于中、南美洲的热带或亚热带地区，生长在平地直至海拔1000～3000米的高山区，这里干旱

26

空气凤梨

少雨、阳光强烈，温度变化很大，但终年都有雾气的滋润。独特的生态环境使空气凤梨有着与众不同的习性，它们依附在仙人掌、石壁、朽木、电线、电线杆、屋檐等处，在毫无泥土或堆积物的空气中生长。因此，种植时不需要花盆和泥土。

　　在制作小品时，可以利用这个特点，把它吊起来、挂起来，做成相框、壁画，还可用胶把它粘在枯木、岩石、贝壳、海螺等物体上或放置在其他浅容器里。如果盆栽可用颗粒较粗的砾石、石子等作为栽培介质，起固定植株的作用。同时，要注意色彩和形态的自然协调。

空气凤梨挂画

空气凤梨挂画

空气凤梨小品

空气凤梨小品

空气凤梨小品

空气凤梨小品

空气凤梨小品

空气凤梨小品

空气凤梨小品（薛倩 提供）

空气凤梨小品（薛倩 提供）

红与绿

回归自然

瓶趣

空气凤梨小品

空气凤梨小品

此外，空气凤梨还可与积水凤梨、苔藓等喜欢湿润的植物组合，以玻璃缸为容器，辅以树根、枯木、岩石等材料，制作热带雨林景缸。

▶▶ **小贴士**

热带雨林景缸

热带雨林景缸是以热带雨林风光为主题的造景缸，以林床、林间、树梢，甚至附生在树干、石头上的凤梨等附生植物为主景，配以枯木、藤蔓、奇石等，营造出热带丛林一角或临水丛林景色。为了增加动感，还可在缸内饲养小鱼、小蜥蜴、蛙类等小动物。

热带雨林景缸有着一套完整的内部生态系统，与传统的景缸最大的区别是，其配备了增氧、灯光、湿度调节、空气过滤、控温通风等设施，使得整个生态系统环环相扣，缸中高密度的植物群落对吸附空气中的甲醛、PM2.5等有害物质更是有着显著的作用，可谓纯天然的空气净化器。由于这一切都是自动化控制，其日常打理也相对简便，在不断电的情况下平时注意补充水分就能维持生态缸的运行，几乎不需要其他管理。而独特的灯光设计更使得缸内明暗对比强烈，极大地增加了纵深感和层次感，使得作品具有很强的观赏性。

"方寸之间，尽显天地。"不大的景缸内，包含着森罗万象的热带雨林风光，遮天蔽日的大树，大树上附生的植物尽收缸内，咫尺方寸尽显天地之变化、自然之奥秘。

热带雨林景缸（方寸雨林）

■■ **养护** 空气凤梨对阳光的要求因品种而异，叶子较硬、呈灰色或灰白色的种类，需要充足的阳光或较强的散射光；叶片为绿色的品种，对光线要求不是那么高，在半阴处或室内都能正常生长。生长适温为 15～25℃，如果温度高于30℃应加强通风。空气凤梨冬季能耐 5℃左右的低温，某些品种能耐 0℃的低温，但大多数品种低于 5℃则会受冻。

生长期经常向植株喷水，以增加空气湿度，使其正常生长；喷水时间以夜晚或清晨太阳未出时为佳，不要在烈日下喷水；喷水时喷至叶面全部湿润即可，不要让植株中心积水，以免造成"烂心"。如果空气湿度在90%以上，完全不用管它都可以生长得好好的。在长期缺水的情况下，植株会收缩，叶片也会卷起来，叶尖干枯。如果遇到这种情况，可将植株放在清水中浸泡一段时间，等其吸饱水分后再捞出来，并甩掉植株上残留的水分。盆栽植株要避免介质潮湿，更不能积水，以保持干燥为佳。

在水质较硬的北方地区最好用蒸馏水、纯净水向植株喷洒，以免水中的无机盐黏附在空气凤梨的叶子上，堵塞叶面上的气孔，影响植株对养分、水分的吸收，造成植株长势减弱，严重时甚至植株死亡。

27 螺旋灯心草

螺旋灯心草（*Juncus effusus* 'Spiralis'）也称旋叶灯心草，为灯心草科灯心草属多年生草本植物。植株无茎，具发达的须根。叶细圆形，中空，扭曲盘旋，很像弹簧，绿色。主要品种有'弯箭''弯镖'等，还有叶子不扭曲生长的'标枪'等直叶型品种。

螺旋灯心草的繁殖可用分株或播种的方法。

■ **造型** 在小品中，螺旋灯心草可与其他植物组合，以表现其狂放不羁、粗犷飘逸的特点；也可单独植于盆中。上盆时应注意剪除影响美观的叶子，使其疏朗俊逸，顶端的枯尖可以适当保留，以表现大自然之野趣。而直叶型灯心草，可利用其叶子挺拔疏朗的特点，丛植于浅盆中。制成的作品扶疏清雅，富有文人情趣。

螺旋灯心草

直叶型灯心草（敲香斋）

童趣世界（郑州贝利得花卉有限公司）

螺旋灯心草（郑州贝利得花卉有限公司）

大自然的旋律（兑宝峰　作）

螺旋灯心草（兑宝峰　作）

■　**养护**　螺旋灯心草喜阳光充足、温暖湿润的环境，耐寒冷，耐半阴，不怕积水，不耐干旱，对土壤要求不严，但在肥沃、保水性良好的土壤中生长最好。无论什么时候都要给予足够的光照，如果光照不足，会导致叶子徒长、发黄、疲软瘦弱，而且容易折断，因此最好能在室外全阳光处养护，即便是盛夏也不必遮光。由于它是沼泽植物，喜湿怕旱，要求有充足的水分，栽培中一定要勤浇水。如果有条件，可将花盆放在水盘内养护。生长期每20天左右施1次腐熟的稀薄液肥或复合肥，为其提供充足的养分，促使叶子挺拔，色泽浓绿，卷曲程度高。冬季最好在室内光照充足处越冬，保持盆土不结冰就可安全越冬。平时要注意剪除干枯的叶子，以保持小品的优美。

28 血茅

血茅（*Imperata cylindrical* 'Rubra'）也称血草、血茅草、日本血草，为禾本科白茅属多年生草本植物。植株丛生，高约50厘米。叶剑形，上部呈血红色。圆锥花序，小穗银白色，夏末开放。

血茅的繁殖以春季或生长季节分株为主。

■ **造型** 血茅株型优美挺拔，叶色靓丽，小品中应以体现其天然美感为主，植株不必做过多的修饰，但可配以赏石、苔藓或其他小花小草，盆器以色彩素雅的紫砂盆、釉盆、石盆等为好，不宜过于花哨和鲜艳，以免喧宾夺主，影响表现力。

血茅（马景洲 作）

组合（袁国 作）

血茅（李伟 作）

■ **养护** 血茅喜阳光充足和温暖湿润的环境，稍耐半阴，耐热。平时可放在光照充足处养护。若光照不足，叶色会退化成绿色；一些丛生植株的内部及叶子下部往往呈绿色，就是长期阳光照射不到造成的。所以，保持充足的光照是保证其叶色红艳

种植在天然石盆中的血茅
（敲香斋）

种植在天然石盆中的血茅
（敲香斋）

的首要条件。生长期保持土壤湿润，不可长期处于干旱的环境中；每15～20天施1次以磷钾为主的复合肥；及时剪除干枯的叶子，以保持美观。冬季放在室内光照充足处，0℃以上可安全越冬。

翻盆宜在春季或生长季节进行，盆土要求湿润而排水性良好，新栽的植株应放在无直射阳光处缓苗一周左右。

---

29 针茅

针茅（*Stipa capillata*）为禾本科针茅属多年生草本植物。植株密集丛生，茎秆直立，常具四节，基部宿存枯叶鞘。秆生叶叶舌披针形，细小，纵卷成线状。圆锥花序顶生，小穗含一花。

针茅的繁殖常用播种和分株的办法。

■ | **造型** 针茅姿态柔美，呈全株都呈枯黄色，在各种山野草中独树一帜。可数株植于盆中，或配石，或独植，自然而富有野趣。

野趣（陈永富　作）　　　　飘逸（刘彦秀　作）

■ | **养护** 针茅喜凉爽干燥和阳光充足的环境，也耐半阴。夏季高温时有短暂的休眠期，宜放在通风凉爽处养护。生长期保持土壤湿润而不积水；因其耐瘠薄，一般不需要格外施肥。冬季地上部分干枯，可在冬末或早春将其剪除，以促发新的植株。

30 羽衣甘蓝

羽衣甘蓝（*Hrassica oleracea*）也称羽叶甘蓝、叶牡丹、花包菜，为十字花科甘蓝属二年生草本植物。其叶叠生于木质化的短茎上，叶片形态丰富，有皱叶、不皱叶、深裂叶等多种，叶色可分为红紫叶和白绿叶两大类。小花黄色，4月开放，花后结类似豆角的细圆柱形长角果。羽衣甘蓝的园艺种很多，像株型紧凑的'海鸥'系列；植株较小、多分枝的'鹤'系列；叶片深裂，形似鸟羽的'孔雀'系列等。

羽衣甘蓝的繁殖可在7月进行播种。

■ **造型** 可选用不同叶色的羽衣甘蓝进行组合，以丰富盆栽的色彩；加上常春藤、竹柏或其他观赏植物，以增加其层次感。上盆后如果天气干燥，应稍加遮光，等长出须根、植株恢复生长后再进行正常管理。此外，还可选择分枝较多的'鹤'系列品种，在生长期将下部的叶子逐渐摘除，形成类似小灌木的株型，植于盆中，即成为疏密有致的小品。

海（李兆祥 作）

花儿朵朵（郑州贝利得花卉有限公司）

赛牡丹（郑州贝利得花卉有限公司）

疏影横斜（郑州贝利得花卉有限公司）　　　　野趣（郑州贝利得花卉有限公司）

羽衣甘蓝小品（郑州贝利得花卉有限公司）

■ **养护** 羽衣甘蓝喜凉爽湿润和阳光充足的环境，耐寒冷，怕干旱，也怕酷热。生长期浇水应掌握"不干不浇，浇则浇透"的原则，盆土积水和长期干旱都不利于其正常生长；每7～10天施1次腐熟的稀薄液肥或"低氮、高磷钾"的复合肥，以促使叶片早日变色。

31 假叶树

假叶树（*Ruscus aculeata*）也称瓜子松，为假叶树科假叶树属常绿小灌木。植株丛生，根状茎在土里横走。茎绿色，有分枝；叶状枝绿色，革质，扁平，卵圆形至披针形，顶端尖锐，呈刺状，从形态到功能都能代替叶片。叶片则退化成鳞片状，不甚显眼。多为雌雄异株，罕有雌雄同株，小花白绿色，有紫色晕纹，生于叶状枝中脉的中下部，基部具三角形苞片；浆果成熟后红色，小球形，直径约1厘米。

繁殖可结合春季换盆进行分株，也可用播种的方法。

■ | 造型　假叶树株型清丽雅致。制作小品时可选择新萌发的幼株，植于小盆中就颇有竹子的神韵。栽种时，应注意植株的高低错落和盆具的合理搭配，如下面小品中左图因假叶树植株与盆都较高，显得有些单薄，换个长方形小盆就好多了。

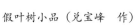
假叶树小品（兑宝峰　作）

■ | 养护　假叶树原产北非和南欧，喜温暖湿润和阳光充足的环境，稍耐阴，对环境的适应性很强，耐寒冷，也耐干旱。4～10月的生长期应保持土壤和空气湿润，但不要积水，以防烂根。每15～20天施1次腐熟的稀薄液肥或复合肥。冬季控制浇水，使植株休眠，能耐0℃或更低的温度。栽培中应注意及时剪去枯死的枝条，以保持株型的美观。

每2～3年的春季翻盆1次，盆土宜用疏松肥沃、排水透气性良好的微酸性沙质土壤。

大吴风草（*Farfugium japonica*）也称金钵盂、一叶莲、活血莲、独角莲、大马蹄香，为菊科吴风草属多年生草本植物。植株具粗壮的根茎。基生叶呈莲座状，叶片肾形，先端圆，全缘或有小齿、掌状浅裂，茎生叶长圆形或线状披针形。花葶高达70厘米，花朵黄色，深秋开放。其园艺种丰富，有些叶片上还有黄色斑纹。

大吴风草的繁殖以春季分株为主。

■ | **造型** 大吴风草在小品中以表现自然美为主。植于浅盆中，其修长的叶柄亭亭玉立，与圆润的叶片相映成趣，颇有"荷叶田田"的意趣。

■ | **养护** 大吴风草喜温暖湿润的环境，管理上可较为粗放，夏季高温季节要加以遮阴，以防烈日暴晒。平时注意浇水和向植株喷水，以保持土壤和空气湿润，但不要积水；每月施1次液肥。冬季置于冷室内，不低于5℃可安全越冬。如果过于寒冷，地上部分会枯萎，但翌年春季气候转暖后，还会有新的叶子长出。

每2年左右翻盆1次，一般在春季进行，盆土要求肥沃疏松透气，可用园土、腐殖土、蛭石等混合配制。

32

大吴风草

大吴风草（刘彦秀　作）

33 缟蔓薆

缟蔓薆（*Ledebouria cooperi*）也称日本兰花草，为百合科油点花属多年生草本植物。植株具鳞茎。单叶丛生，无叶柄，叶片长披针形，青绿色，有深紫色纵条纹。总状花序，花梗较长，易下垂，小花紫红色，中心部分翠绿色。

缟蔓薆的繁殖以分株、播种为主。其叶子挺拔，叶面上的褐色条纹极为别致，浅盆栽种，并裸露部分根系，其他不作修饰，就是一件很好的小品。

缟蔓薆喜温暖干燥和阳光充足的环境，耐干旱，怕积水。适宜在疏松肥沃、排水良好的土壤中生长。平时可放在光线明亮处养护，夏天避免烈日暴晒，浇水掌握"见干见湿"的原则，避免积水。

缟蔓薆（李伟　作）

34 蝴蝶兰

蝴蝶兰（*Phalaenopsis aphrodite*）为兰科蝴蝶兰属多年生附生草本植物。植株有着发达的根系，茎短而肥厚，具3～4枚或更多的肉质叶。花序侧生于茎的基部，花朵大小因品种不同而异，花径2~15厘米不等；花色有纯白、粉红、紫红、红褐、黄、橙以及白花红唇等多种颜色；在适宜的环境中一年四季都能开花。

我们知道，兰花有国兰与洋兰之分。洋兰以花色丰富、花型多变为主要看点，蝴蝶兰就是洋兰的经典品种之一。其他适合制作小品的洋兰还有兜兰、石斛兰、文心兰等种类。总之，只要仔细观察，用心揣摩，就能制作出风格独特的洋兰小品。

■ | **造型** 制作小品的蝴蝶兰以植株和花朵都不是很大的中小型品种为佳。可与文心兰等洋兰以及观赏凤梨、蕨类植物组合，制作出自然时尚、新颖别致的小品。

蝶趣（第十七届青州花博会）

蝶之舞

山花（第十七届青州花博会）

逸趣

彩蝶（第十七届青州花博会）

思（第十七届青州花博会）

■ **养护** 蝴蝶兰为附生植物，原产于热带雨林中，以发达的根系附生在丛林的树干或岩石上。因此，不能用普通的培养土栽种，要用苔藓、蕨根或树蕨块、树皮、砖块等材料种植。

蝴蝶兰喜温暖湿润的半阴环境，不耐寒，怕积水，忌强光直射，要求环境的通风条件良好。生长期的温度宜保持15℃以上，夏季应避免持续高温；高于32℃，植株就进入休眠期。浇水应在栽培材料干透后再进行，并且浇要浇透。空气干燥时可用与室温近似的水向叶面喷洒，以增加空气湿度。花谢后要及时剪

蝶舞

去残花梗，以免消耗过多的养分，影响植株生长。花期过后，新根和新芽开始生长，可每周施1次腐熟的稀薄液肥。叶面喷施或根部浇灌均可。

含苞（第十七届青州花博会）

兜兰也称拖鞋兰，为兰科兜兰属（*Paphiop*）常绿草本植物。植株无假鳞茎，无茎或具极短的茎。叶片近基生，革质，带形，有明显的中肋，淡绿色至绿色，也有叶面带紫红色花纹的品种。花莛自叶间抽生而出，有花 1～2 朵；花形奇特，唇瓣呈拖鞋状或兜状、囊状，萼片也很特别，背萼发达，呈扁圆形或倒心形，其两片侧萼完全合生在一起，通常较背萼小，着生在唇瓣后面，称为"腹瓣"，不甚显著；花瓣具蜡质；花色极为丰富，由黄、白、绿及褐色斑纹或斑块组成。因品种不同，花形和花色差异极大；全年都有可以开花的品种，花期长；某些品种在适宜的环境中，单朵花可持续开放 8～12 周。

兜兰的繁殖以分株为主，在早春或花后短暂的休眠期结合换盆进行。

■ **造型** 制作小品的兜兰宜选择植株小巧、容易开花的品种。造型时可数株组合，配上奇石、枯木，以表现其原产地的生态景象。组合时应注意植株的高低错落、疏密有致，以避免作品显得呆板；也可单株植于小盆中，以展现其花朵的细腻俊美。

兜兰小品（北京植物园）

兜兰小品

■ **养护** 兜兰原产于亚洲的热带及亚热带地区，多数为地生种，生长在林下的腐殖质土上，少数为附生种。喜温暖湿润的半阴环境，不耐寒，怕烈日暴晒。可常年放在室内光线明亮处养护；5～9月要注意遮光，以避免烈日暴晒引起日灼病。由于兜兰没有假鳞茎，抗旱能力较差，因此应经常浇水，以保持土壤湿润；在空气较为干旱的

兜兰小品

时候，应勤向植株及周围环境洒水，以保持较高的空气湿度；在开花期，空气湿度可控制得稍小些，以延长花期。在新芽萌发后，每2～3周施1次腐熟的稀薄液肥，施肥时不要将肥水溅到叶面上，以免引起叶面腐烂。夏季高温时注意通风，特别是产于低纬度、高海拔的绿叶种类，十分怕热，高温潮湿很容易引起软腐病，幼叶和嫩芽逐渐变黑而枯死，严重时甚至整株死亡。出现这种情况必须停止向叶面喷水，加强通风，进行降温处理，并喷洒杀菌剂防治。兜兰大多数品种都不耐寒，特别是叶片较小、正反两面都有各种紫红色大理石花纹的品种，越冬需要较高的温度，因此冬季夜间温度不可低于10℃，白天应高于夜间5～10℃。

每2～3年换盆1次，一般在花后进行。可用腐叶土、泥炭土、苔藓或树皮块等做盆栽材料，还可用泥炭土、腐叶土栽培，但盆底1/4的部分要填充碎瓦片、砖块等颗粒材料，以利于排水透气。近年来，有人用陶粒加腐叶土、泥炭土等栽培效果也很好。

36

海石竹

海石竹（*Armeria maritima*）别名桃花钗、滨簪花，为白牡丹科海石竹属多年生植物。植株低矮，呈丛生状。叶基生，线状长剑形。头状花序顶生，花梗细长，小花聚生于其顶端，呈半圆球形，花色紫红、粉红、白等颜色。自然花期3～6月，在温室内栽培花期可提前至2月开放。

繁殖以分株为主，也可于1月在温室内播种，约5月开花；若要使其在春季开花，可在前一年的8～9月播种。

海石竹小品（兑宝峰　作）

■ │ **造型**　海石竹株型秀雅，翠绿而纤细的叶子与亭亭玉立的花序相得益彰，文雅动人，即便不在花期，其紧凑的翠叶也有着较高的观赏性。小品造型时应以表现该植物的自身之美为主，直接上盆即可；不必做过多的修饰，其盆器也要素雅洁净，不可过于花哨。

■ │ **养护**　海石竹喜阳光充足和温暖湿润的环境，忌高温高湿的环境。除夏季应适当遮阴避免烈日暴晒外，其他季节都要给予充足的阳光，这样可使株型紧凑，呈团簇状；而光照不足，不但影响开花，而且叶片也容易发生徒长，变得杂乱，失之雅趣。平时应保持土壤湿润，气温高、水温低时大量浇水，或者久旱后高温下大量浇水，都会对根系造成伤害，从而引起叶子发黄，影响观赏。适宜用含腐殖质丰富、疏松透气的土壤栽培。越冬温度保持 3 ~ 5℃为宜。

海石竹的花凋谢后并不脱落，会呈干花状长期留存在花莛上，亦有一定的观赏价值，可不必剪去；但枯黄的叶子应及时剪掉，以保持雅洁美观。

海石竹小品（兑宝峰　作）

海石竹小品（兑宝峰　作）

37 | 竹子

竹子也称竹，是禾本科（Gramineae）竹亚科（Bambusoideae）多年生常绿植物的统称。其种类很多，适合做小品的要求植株低矮、株型紧凑、叶片细小的种类，主要有凤尾竹、琴丝竹、方竹、金丝竹、米竹、罗汉竹、紫竹、湘妃竹、日本姬翠竹等品种。此外，某些品种的大型竹子（如佛肚竹）经过矮化处理后也可使用。

竹子的繁殖以分株为主，一年四季都可进行，以春季分株成活率最高，多在阴雨天进行；对于佛肚竹等品种亦可剪取健壮的茎段扦插。

■ **造型** 竹子小品的盆器宜选择陶釉盆、紫砂盆、石盆等材质，形状有长方形、椭圆形、圆形、方形或不规则形等；还可以山石为盆，将竹植于其上。盆器的颜色要求素雅，不宜过于鲜艳，以突出竹子自然雅致的特点。其造型既可单丛栽种，配以山石，模仿国画中的竹石图；也可数丛合栽，表现葳蕤茂盛的竹林风光；还可单株栽种，悬根露爪，表现其苍劲的韵味，甚至悬崖式、临水式等造型。无论采用什么造型都要注意做到主次分明、疏密得当。栽种好后，可在盆面铺上青苔、点缀小草，做出自然的地貌形态，

竹韵

读（郑州人民公园）

日本姬翠竹（敲香斋）

并根据意境的需要摆放亭子、塔、牧童、樵夫、高士等古代人物或者大熊猫等盆景配件，以增加趣味性。

国宝大熊猫（郑永泰　作）

竹石图（陈冠军　作）

竹小品（温云明　作　刘少红　供稿）

竹小品（陈乃勇　作　刘少红　供稿）

嬉戏（刘少红　供稿）

竹小品（梁烁祥　作　刘少红　供稿）

竹小品（韩学年　作　刘少红　供稿）

茂盛（陈冠军　作）

　　竹子，是一种极具中国传统文化底蕴的植物，其中空有节，象征着"虚怀若谷，气节高尚"，古人说它"未曾出土先有节，志在凌云尚虚心"。其四季常青、傲雪凌霜，与松树、梅花并称"岁寒三友"，与梅花、兰花、菊花合称"花中四雅"。竹，还是吉祥平安的象征，成语中就有"竹报平安"，民间还有以此为题材的绘画作品。

　　竹，以雅著称。"宁可食无肉，不可居无竹。"我国以竹子为素材的诗画作品数不胜数。在制作竹子小品可参考这些美术作品，使小品更具有诗情画意。除竹子外，棕竹、文竹、竹柏、罗汉松的幼苗、天门冬等外形类似竹子的亦可用于

汉松的苗颇有竹子清秀典雅的神韵

制作竹子小品，但在造型时要突出竹子清秀典雅的神韵。

■ | **养护**　竹子喜温暖湿润的环境，平时放在光照充足且柔和处养护，夏季忌烈日暴晒。平时保持土壤湿润，经常向植株喷水，以保持土壤和空气湿润，使叶色清新润泽。5 ~ 8月的生长季节，可追施腐熟的稀薄液肥2 ~ 3次。平时注意修剪，将过密的竹枝和下部的枝条剪除，及时剪掉交叉枝、重叠枝、干枯枝或其他影响美观的枝条，摘除干枯的叶子，使其错落有致，显示出竹子的挺秀与潇洒。冬季应移至室内光照充足处养护，0℃以上可安全越冬。每隔2年翻盆1次，在4 ~ 5月进行，以疏松肥沃的沙壤土为佳。翻盆时剪去烂根，衰老的枝干也要剪去，将过密的植株分开，重新布局栽种。

菲白竹（*Arundinaria fortunei*）为禾本科赤竹属小灌木。植株丛生，株高20 ~ 40厘米。叶片披针形，先端渐尖，基本楔形或近圆形；叶片绿色，有白色或者淡黄色斑纹。

38

菲白竹

菲白竹的繁殖与养护可参照竹子。因其植株矮小，尤其适合制作小型或微型小品。一般多丛植，上盆时要注意使其高低错落、疏密有致。

菲白竹小品（第十七届青州花博会）

菲白竹小品（王小军　作）

39 棕竹

棕竹（*Rhapis excelsa*）别名棕榈竹、观音竹、筋头竹，棕榈科棕竹属常绿植物。植株丛生，茎秆直立，无分枝，有叶节。叶集生于茎顶端，掌状深裂，裂片4～10，叶绿色，有光泽。品种有'花叶棕竹''矮棕竹''丝状棕竹'等。

棕竹的繁殖多采用分株的方法，也可在春季播种。

■ **造型**　棕竹枝叶潇洒，极富热带风情和诗情画意，最适宜表现丛林景观，可数株丛植，或配以奇石，或搭配以袖珍椰子、常春藤等植物，以丰富层次，增加表现力。对于枯死的枝干可剥去外层的深褐色棕衣，其黄白色内秆温润如玉，高洁典雅，富有特色。

野趣（郑州陈砦花卉市场）　　　南国春色（孙玉高　作）

棕竹小品（郑州贝利得花卉有限公司）

■ | **养护** 棕竹喜温暖湿润的半阴环境。夏季应注意避免烈日暴晒；平时宜保持土壤湿润，但不要积水，可经常向植株及周围洒水，以增加空气湿度。春夏的生长季节应薄肥勤施，在肥液中加入少量的硫酸亚铁（黑矾），可有效地避免叶子发黄。冬季应移入室内光线明亮处养护，4℃以上可安全越冬。平时要及时剪除枯黄及过密或其他影响美观的叶子，以保持小品的优美。

每2年左右翻盆1次，一般在春季或生长季节进行。盆土宜用疏松肥沃、含腐殖质丰富的微酸性土壤。翻盆时如果植株过于密集，可去掉一些，以保持作品的疏朗秀美。

40

袖珍椰子

袖珍椰子（*Chamaedorea elegans*）也称矮生椰子、袖珍棕、袖珍葵、秀丽竹节椰，为棕榈科竹节椰属多年生常绿小灌木。茎干直立，具不规则花纹，叶羽状浅裂，裂片披针形，互生，绿色，有光泽。雌雄异株，肉穗花序腋生。花小球状，黄色。浆果橙黄色。

袖珍椰子用播种或分株的方法繁殖。花市上也常用不同规格的小苗出售，而且价格低廉，可选用形态佳者来制作小品。

袖珍椰子小品（敲香斋）

袖珍椰子小品（敲香斋）

■ | **造型** 袖珍椰子株型潇洒，最适宜制作具有南国风情的小品，上盆时注意前后的位置，直与斜的搭配，使作品疏密有致、高低错落，具有层次感。为了丰富表现力，还可在盆内种植网纹草或其他较为矮小的植物。如在微景观造景小品《回归自然》中，几枝伸出器皿的袖珍椰子就能使作品显得飘逸潇洒。

禅意

回归自然（郑州陈砦花市）

■ | **养护** 袖珍椰子喜温暖湿润的半阴环境。平时应保持土壤湿润而不积水，空气干燥时及夏季高温季节都要向叶面及周围环境喷水，以增加空气湿度，避免叶片边缘干焦。每月施1～2次腐熟的液肥，以使叶色浓绿，清新怡人。对于生长多年的老株，可在浇水时逐渐冲刷掉根部的一些土壤，使其露出部分根系，以显得苍老雄健。冬季应移入室内光照充足处养护，5℃以上可安全越冬。春季或初夏翻盆，盆土要求含腐殖质丰富、疏松透气。

----

41 文竹

文竹（*Asparagus setaceus*）别名云片竹、云竹、山草，为天门冬科天门冬属常绿植物。植株丛生，分枝较多，近云片状平展。叶状枝刚毛状。品种较多，其中'矮文竹'也称云竹、球文竹，其植株低矮，枝叶密实，层次丰富，尤其适合制作小品。

多用播种和分株的方法繁殖。文竹是较为常见的观叶植物，不少花市和苗圃都有盆栽植株出售，可购买株型低矮、层次丰富的植株来制作小品。

■ **造型** 文竹小品宜制作丛林式、水旱式等造型，盆器宜选择中等深度或浅盆，紫砂盆、釉盆、石盆均可，或与山石搭配，或单丛成景，或数丛组合。无论什么样的造型，都要突出其文雅清秀、层次分明的特点。造型方法以修剪为主，剪除过杂乱的枝条，将过高的枝条剪短，使之高低错落、自然协调。文竹有着较强的趋光性，可利用这个习性将需要弯曲的枝丛朝着向阳的一面，此法对于新枝效果尤佳。

云竹小品（薛光卿　供图）

小憩（薛光卿　供图）

文竹小品（郑州陈砦花市）

文竹（郑州陈砦花市）

云竹（敲香斋）

家（郑州植物园）　　　　　　　　绿色家园（第十七届青州花博会）

■ **养护**　文竹喜温暖湿润的半阴环境，怕烈日暴晒，不耐寒。平时可放在光线明亮，又无直射阳光处养护，过于荫蔽会造成植株徒长，细弱不堪，影响观赏，烈日暴晒则会使叶色发黄，甚至脱落。文竹喜欢空气湿润，可经常向植株及周围喷水，以增加空气湿度，使叶色清新润泽。由于制作文竹小品的盆器较浅，水分蒸发快，因此平时应注意勤浇水，勿使其处于干旱状态下；但也不要积水，以免烂根。生长期每月施1次稀薄液肥，可促使叶色翠绿鲜亮。冬季应移入室内阳光充足处养护，5～10℃可安全越冬。

文竹小品以1～2年生的姿态最为美观，老株则呈攀缘状，观赏价值不是很高，可在新株萌发后将其剪除，进行更新。平时也要及时清理枯黄枝以及其他影响美观的枝条，以保持小品的优美。

文竹生长迅速，可每1～2年的春季翻盆1次，必要时可重新布局种植。盆土要求含腐殖质丰富、疏松肥沃。

---

42 天门冬

天门冬（*Asparagus cochinchinensis*）也称武竹、丝冬，为天门冬科（以前划归百合科）天门冬属草本植物。植株具纺锤状小块根。叶状枝绿色，通常3枚成簇。小花白色，浆果红色，球形。除天门冬外，还有'狐尾天门冬''绣球松'等品种，亦可用于制作小品。

繁殖可用播种或分株的方法。

■ **造型**　制作小品时，可剪去老的枝叶，以促发秀美玲珑的新枝叶，并将古雅多姿的块根提出土面，再将新萌发的枝叶修剪得错落有致。

其青枝绿叶与层层叠叠的块根相映成趣，别有一番特色。还有一种些种类的天门冬植株酷似南方的凤尾竹，可用于制作竹林风光之类的小品；绣球松形似松树，可模仿松的造型或按照其他丛林景观来制成小品。

天门冬（沈志勇　作）　　　　　　绣球松

需要指出的是，天门冬的枝叶及植株都较为密集，造型时要剔除过密的茎枝，使之疏朗通透。

【造型实例】

《牧歌》

①栽种在圆盆中的天门冬；

②将其分成2丛，植于长盆中，栽种时应注意高低错落，使之有一定的层次感；

③在盆面铺上青苔，点缀几株天胡荽和小草（A），并摆放牧童等饰件（B），以增加趣味；

④仔细审视后，觉得植株过于密集，有些臃肿，于是果断地进行修剪，去除过密的茎枝，使其疏密得当；

⑤原来的牧童也有些小，不是很显眼，换上稍大的牧童吹笛饰件，效果就好多了。

《牧歌》制作过程（兑宝峰　作）

■ │ **养护**　天门冬原产南非，喜温暖、湿润的环境。在半阴和阳光充足处都能正常生长，但作为小品种植的天门冬盆器一般都不大，部分根系还裸露出土表，因此长势相对较弱。平时养护要避免烈日暴晒，注意浇水保湿，以免因水分蒸发过快，造成植株缺水、枝叶发黄脱落而影响观赏。此外，空气过于干燥也是导致叶片变黄脱落的一个重要原因，因此要经常有规律地向植株喷水，以保持空气湿润，使叶色翠绿宜人。

每年早春换盆1次，换盆时要剪去部分块状根，并将黄叶过多或过老的茎从基部剪去，以促使萌发健康美观的新株，盆土要求疏松肥沃，并掺入腐熟的饼肥作基肥。

辣椒（*Capsicum annuum*）为茄科辣椒属多年生草本植物，常作一、二年生植物栽培。制作小品的辣椒要求用植株不大、果实小巧的品种，像'樱桃辣椒''佛手辣椒''朝天椒'等；其果实玲珑精致，色彩红艳，表皮光亮，如同涂蜡，给人以红红火火的感觉。

辣椒的繁殖可在春季播种。

43 辣椒

■ | **造型** 辣椒的茎干韧性好，不易折断，可通过修剪蟠扎相结合的方法，制作各种形式的小品。

壶中秋韵

硕果满枝（于海洋 作）

■ | **养护** 辣椒适宜在肥沃、疏松、湿润的土壤中生长，盆土可用园土、腐叶土、沙土混合配制，并掺入少量腐熟的饼肥作基肥。生长期放在阳光充足处养护；平时保持盆土湿润而不积水，雨季应注意排水防涝；花期可有规律地向植株喷水，并适当减少浇水，有助于其授粉坐果；但土壤不宜过湿，以免因水大造成落花。每7～10天施1次腐熟的稀薄液肥或复合肥，苗期以氮肥为主，以促使枝叶的生长；

坐果后应多施磷钾肥，为其提供充足的营养，使果实生长发育，直到果实透色为止。在生长期要注意整枝、抹芽，及时去除影响株型美观的枝条，以维持树形的优美；当成熟的果实表皮发皱时要注意采收，这样才能连续开花、结果。冬季应移置10℃左右的室内，经常向植株喷水，以防因空气干燥引起果实皱缩。观赏期通常可延长至12月。

44 蛇莓

蛇莓（*Duchesnea indica*）别名蛇泡草、龙吐珠、三爪风，为蔷薇科蛇莓属多年生草本植物。植株具短而粗壮的根茎，匍匐茎多数，长30 ~ 100厘米，有柔毛。叶倒卵形至菱状长圆形，先端圆钝，边缘有钝锯齿。花生于叶腋，黄色。瘦果卵形，红色。

蛇莓在我国分布广泛，可在春季或生长季节移栽上盆，用于制作小品。繁殖可用播种和分株等方法。

蛇莓枝蔓较长，可适当修剪后，直接上盆，任其下垂，自然飘逸，富有特色。

蛇莓喜温暖湿润的半阴环境，对土壤要求不高，其日常管理可较为粗放。干旱时要注意浇水；5 ~ 6月施肥1 ~ 2次以磷钾为主的液肥，以满足开花结果的需要；平时注意修剪掉影响美观的杂乱枝蔓以及枯黄的叶子。

蛇莓（王子昊 作）

第三章

多肉植物小品

多肉植物种类繁多，形态奇特而富有趣味，其小品形式也丰富多彩，除了可表现大自然的景色外，还可表达梦想中的美景、童话世界、科幻王国。

多肉植物中，无论哪一类型的品种，只要是株型不大、习性强健、便于管理的，都可用于制作盆艺小品。制作时可根据具体植物的特性和形态，选择合适的盆器；上盆时应注意植物栽种的角度和朝向，每件小品的植物不必过多，要做到主次分明；摘去影响美观的叶子和枝条，避免过分拥挤，使其疏朗俊逸；根据需要还可点缀赏石、青苔或其他小饰件，以增加作品的趣味性。

酥皮鸭（兑宝峰　作）

妖精之舞（兑宝峰　作）

仙女杯（北京植物园）

1 白牡丹

白牡丹（*Graptoveria* 'Titubans'）为景天科多肉植物，由风车草属的胧月与拟石莲属的静夜杂交而成。植株有明显的茎和分枝。肉质叶呈莲座状排列，叶面灰白至淡绿色，有淡淡的白粉。

白牡丹的繁殖以扦插（包括叶插和茎插）为主，在生长季节剪取健壮的茎枝或瓣取叶子，晾几天等伤口干燥后，插于土壤中很容易成活。

■ **造型** 制作小品的白牡丹以生长多年、姿态古雅多姿的老桩为佳。根据具体形态的不同，选择不同的种植角度，将其最美的一面展现出来。要注意剪除多余的茎枝，使其疏密有致。需要指出的是，白牡丹虽然习性强健，繁殖容易，但长成老桩也需要较长的时间，因此修剪时要小心谨慎，切不可把造型需要的枝条剪掉。

■ **养护** 白牡丹喜欢凉爽干燥和阳光充足的环境，不耐阴，怕积水。主要生长期（春、秋季）应给予充足的光照，否则会因缺光造成植株徒长，使得株型松散，叶片质脆，容易折断。因此，可放在南阳台、南窗台以及其他阳光较为充足处养护，这样可使株型紧凑，叶色美观；浇水掌握"不干不浇，浇则浇透"的原则，土壤积水和长期干旱都不利于植株的生长；施肥与否要求不严。夏季植株生长缓慢，但不会完全停滞，可放在通风良好养护，并控制浇水，避免闷热潮湿的环境，以免发生黑腐病，造成植株腐烂。冬季放在阳光充足的室内，控制浇水，使植株休眠，也能耐0℃甚至更低的温度。

每1~2年的春季或秋季进行翻盆，盆土要求疏松肥沃、排水透气性良好，并有一定的颗粒度。

白牡丹（尚建贞　作）

2 锦晃星

锦晃星（*Echeveria pulvinata*）也称茸毛掌，为景天科拟石莲属植物。植株呈多分枝的小灌木状。肉质叶倒披针形，呈莲座状互生于分枝顶部，绿色，表面密布有细短的白色毫毛，在昼夜温差较大、阳光充足的环境中，叶缘及叶的上半部均呈美丽的深红色。近似种红炎辉等亦可用于制作小品。

锦晃星的繁殖可在生长季节剪取带顶梢的健壮枝条进行扦插。

■ │ **造型**　锦晃星分枝较多，上盆后剪掉多余的枝条，使得树形疏朗通透，即成为优美的小品。

■ │ **养护**　与白牡丹近似，可参考白牡丹的养护。

锦晃星

---

3 姬小光

姬小光（*Echeveria setosa* 'rondelli'）为景天科拟石莲属多肉植物。具粗壮的短茎，少有分枝。肉质叶蓝色，呈莲座状排列，生于茎的上部，新叶的叶缘有稀疏的短毛。花铃铛形，下部橙红色，上部黄色。

繁殖可参考白牡丹进行。

姬小光（兑宝峰　作）

■ **造型**　可根据株型的不同选择不同的盆器，如作悬崖式造型，宜选择较高的签筒盆；而表现其原生态地貌景观，则宜选择视野较为开阔的长方形或椭圆形浅盆。上盆时注意主次的搭配，前后的位置，使之富有层次感，并在盆面撒上一层砾石或风化岩，以增加作品的粗犷之美。

■ **养护**　与白牡丹近似，可参考进行。

4

紫心

紫心（*Echeveria* 'Rezry'）也称粉红回忆、瑞兹丽（音译），为景天科拟石莲属多肉植物。植株多分枝。肉质叶长匙形或短匙形，叶色根据季节或环境的不同而不同，或绿、蓝绿，或红、橙红、橙黄，乃至紫红色。总之，光照越强烈，昼夜温差越大，颜色就越艳丽。

繁殖可在生长期进行扦插，叶插、枝插均可。

制作紫心小品宜选择生长多年的老桩，根据具体形态上盆，剪去杂乱以及其他影响美观的枝叶，并根据需要点缀赏石，即成为一件叶色斑斓的小品。

养护可参考白牡丹进行。

紫心（尚建贞　作）

酥皮鸭（*Echeveria supia*）为景天科拟石莲属多肉植物。植株呈多分枝的灌木状，莲座状叶盘生于枝头。肉质叶卵形，叶缘及顶尖呈红色，在阳光充足、昼夜温差大的环境中尤为明显。在拟石莲属中，类似酥皮鸭这样植株呈多分枝的灌木、叶盘为莲座状的种类还有蜡牡丹、红化妆、红稚莲等，也都可以用来制作小品。

酥皮鸭的繁殖可在生长季节剪取健壮的枝条扦插。

■ | 造型　酥皮鸭株型紧凑，叶色美观，可利用其植株多分枝、形似小树的特点，制作多种形式的小品，像丛林、悬崖等，甚至与蜡牡丹等植物合栽，以增加表现力。造型时可通过修剪、改变种植角度等方法，使之达到所要求的造型。

【造型实例】

①将酥皮鸭与蜡牡丹合栽，一斜一俯，以增加动感；点缀赏石，栽种薄雪万年草作为陪衬。

②经过一段时间的生长，薄雪万年草生长过于茂盛，有些喧宾夺主，蜡牡丹也有点过密。

③摘掉蜡牡丹的部分叶子，除去薄雪万年草，并重换赏石。

④又经过一段时间的生长，酥皮鸭长大不少，与蜡牡丹相得益彰，效果就好多了。

⑤随着植株的生长，又有些拥挤。把蜡牡丹取出，单独上盆，又是一件小品。

⑥酥皮鸭则配上两株较小的植株，使之呈丛林状。

⑦下面的叶子有些杂乱，于是摘除部分老叶，使其疏朗。

⑧换成圆盆，并改变种植角度，使作品富有动感。

①

②

酥皮鸭小品造型实例（兑宝峰 作）

酥皮鸭（尚建贞 作）

红花妆（兑宝峰 作）

酥皮鸭（兑宝峰 作）

■ | **养护** 与姬小光近似，可参考姬小光的养护。需要指出的是，在阳光充足的环境中，无论是蜡牡丹还是酥皮鸭、锦晃星，叶色都比半阴处靓丽，因此平时要尽可能给予充足的光照，以保持叶色的美观。酥皮鸭的萌发力很强，应注意剪掉多余的侧枝，剔除过密的枝条，使小品疏密得当、错落有致。

红稚莲（*Echeveria* 'Minibelle'）为景天科拟石莲属多肉植物。植株呈有分枝的灌木状。肉质叶呈莲座状，簇生于枝头，在阳光充足、昼夜温差较大的环境中，叶缘和先端有红晕，甚至整个叶子都呈红色；而在阳光不足之处生长的植株叶色呈灰绿色。

繁殖常用扦插的方法。

6

红稚莲

莲韵（兑宝峰 作）　　　　红稚莲（兑宝峰 作）

红稚莲（尚建贞　作）

■ | **造型**　红稚莲的小品造型基本与酥皮鸭相似。制作小品时可以红稚莲为主体，配以子持年华、小玉、红化妆等株型呈莲座状的景天科多肉植物，使其高低错落、主次分明。

■ | **养护**　可参考酥皮鸭的养护措施。

- -

7

久米之舞

　　久米之舞（*Echeveria spectabilis*）为景天科拟石莲属多肉植物。植株有分枝。肉质叶表皮光亮，似蜡质；绿色，在阳光充足、昼夜温差较大的环境中叶缘呈红色，甚至整个叶子都呈红色。

　　繁殖以扦插为主。

■ | **造型**　这件题名为"岁月如歌"的小品，先以临水式造型种在一个小签筒盆内（A），虽疏影横斜，线条刚健流畅，但觉得有点头重脚轻，始终不是太满意，似乎还有上升的空间。随后，以斜干式造型移栽到稍浅的盆内（B），达到了预期的效果。其枝干苍劲，枝头上莲座状排列的肉质叶色彩凝重，如盛开的花朵；其随经岁月沧桑，依然绽放着生命之花的精神令人感悟。

■ | **养护**　可参考酥皮鸭的养护措施。

岁月如歌（兑宝峰 作）

东云缀化（*Echeveria agavoides f. cristata*） 在日本称为鲵鲸、鲵，为景天科拟石莲属多肉植物。原种东云植株呈莲座状排列，缀化变异植株则呈扁平扇状或鸡冠状生长。

东云系列的'弗兰克'

8 东云缀化

▶▶ 小贴士

缀化

　　"缀化"是缀化变异的简称，也称带化变异或鸡冠状变异，是多肉植物常见的变异之一。其特征是植株顶部的生长锥不断分生，加倍而形成许多生长点，而且横向发展连续成一条线，使得植株长成一个扁平、扇形、鸡冠状的带状体，栽培多年的缀化植株扭曲重叠呈波浪状。缀化现象存在于仙人掌科、大戟科、萝藦科、景天科、夹竹桃科等科的多肉植物。

童趣

家园

东云缀化的繁殖可在生长季节进行扦插，方法是将扁平扇状肉质茎切成小块，晾几天等伤口干燥后，插于排水良好的介质中，即可生根。

■ | **造型** 东云缀化形态奇特，制作小品时不必进行过多的加工，只要将植株植于中等深度的盆器内，点缀赏石，在盆面铺上砾石或其他颗粒材料即可，以彰显奇趣的原始之美。

东云缀化

■ | **养护** 东云缀化喜凉爽干燥、阳光充足的环境，耐干旱，怕积水，适宜在疏松透气，并有一定颗粒度的土壤中生长。夏季高温季节植株生长缓慢甚至完全停滞，可放在通风凉爽之处养护，并控制浇水，注意遮阴，以防止强光灼伤植株。春秋季节的生长期给予充足的阳光，浇水掌握"见干见湿"的原则。冬季置于室内光照充足的地方，0℃以上可安全越冬。

9
松虫

松虫（*Adromischus hemisphaericus*）别名松虫水泡、金钱章、天锦星，为景天科天锦章属多肉植物。植株易分枝。肥厚的肉质叶排列紧密，叶色淡绿，在阳光充足的环境中有褐色斑点。另有斑锦变异品种'松虫锦'，叶面上有黄色斑纹。

天锦章属多肉植物俗称"水泡"，是近年来较为热门的多肉植物。该属品种丰富，形态富于变化，除了松虫适合制作小品外，还有阿氏天锦章、玛丽安等。

松虫（兑宝峰　作）　　　　玛丽安水泡（陈永刚　作）

松虫的繁殖在可生长季节掰取充实的肉质叶或剪取健康的肉质茎（茎上一定要带叶）进行扦插。

■ | **造型**　松虫植株玲珑精致，制作小品时可根据株型的不同选择大小适宜的盆器，营造或自然清新，或原始质朴，或充满童趣的氛围，使植物的自然之美与人工造景的艺术之美融为一体。

■ | **养护**　习性与东云缀化近似，可参考东云缀化的养护。

松虫（吴雪亮　作）

10 阿氏天锦章

阿氏天锦章（*Adromischus alstonii*）为景天科天锦章属多肉植物。植株多分枝，茎枝灰白色。肉质叶灰绿色，有褐色斑点。

繁殖可参考松虫的方法。

■ | **造型**　可利用植株多分枝的特点，制作悬崖式、斜干式、直干式等多种造型的小品。其茎枝较脆，易折断，可通过金属丝适当牵拉和改变上盆角度的方法，以达到理想的造型；注意摘除下部的叶子，使之露出枝干，成为有树之形。

【造型实例】

①种植在小瓦盆中的阿氏天锦章有些粗糙。

②换了茶末色的釉盆，稳重典雅。

③经过一段时间的生长，原来的盆就显得有些小了，换个大些的椭圆形盆就协调多了。同时，用金属丝牵拉（牵拉前应控水一段时间，使枝条变得相对柔软，以避免折断）来改善枝条的走向，并在盆面铺青苔、点石，使之犹如旷野中的树木，而树下的2匹马则增加了作品的趣味性。

④再次调整种植角度，进一步摘除下部的叶子，使其疏朗飘逸。

①

②

③ ④

阿氏天锦章小品造型实例（兑宝峰 作）

■ **养护** 可参考东云缀化的养护措施。

方塔（*Crassula kimnachii*）为景天科青锁龙属多肉植物。植株直立生长，初为单生，以后随着侧芽的生长萌发，逐渐呈群生状。灰绿色的肉质叶一层层排列密集，如同一座座塔，叶色灰绿，有粗糙的颗粒。花朵簇生，花乳白色，五角形。

方塔的繁殖多用扦插或分株的方法。

■ **造型** 方塔小品可根据植物株型像塔的特点，模仿古塔、塔林景观，并在盆面种植一些较为低矮的多肉植物，像漂流岛、原始兔子等，以增加作品的层次感。还可将同属的近似种（如绿塔、达摩绿塔等）组合在一起，使得作品具有近大远小的纵深感。此外，还可将丛生的植株植于小型

11

方塔

方塔（兑宝峰 作）

长盆中，点缀奇石，以表现热带沙漠的奇异景观；可在盆面撒上一层砾石或其他颗粒材料，使之看上去更加自然。

■ 养护　方塔喜凉爽干燥和阳光充足的环境，耐干旱，怕积水。夏季高温季节，植株处于休眠或半休眠状态，生长缓慢或完全停滞，宜放在通风凉爽之处养护，控制浇水。春、秋季节处于生长期，要求有充足的光照，以形成紧凑的株型；而光照不足则会造成植株徒长，叶片排列松散，影响观赏。浇水掌握"见干见湿"的原则，不要积水，以免烂根。冬季应移入室内光照充足处养护，不低于0℃可安全越冬。

方塔易萌发侧芽，当其长大一定大小时，可在生长季节，将影响美观的株芽掰下，晾数日，等伤口干燥后扦插。当植株过分拥挤影响观赏时，可在生长季节翻盆，重新布局栽种，以形成新的景观。

12 寿无限

寿无限（*Crassula marchandii*）为景天科青锁龙属多肉植物。植株多分枝。肉质叶绿色，紧密排列交互对生，叶面光滑；在弱光下叶色嫩绿色，而在昼夜温差大或强光照叶片会呈现绿褐色至咖啡色。

繁殖可在生长季节进行扦插。

■ 造型　寿无限植株小巧秀雅，在制作小品时或数株丛植，配以奇石，或模仿悬崖式，使之枝条下垂，自然飘逸，富有趣味。

■ 养护　习性与方塔近似，可参考方塔的养护。

寿无限（兑宝峰　作）

串钱景天（*Crassula perforata*）又名星乙女、钱串景天，景天科青锁龙属多肉植物。植株丛生，具细小的分枝，老茎稍木质化。肉质叶灰绿至浅绿色，叶缘稍具红色，在晚秋至早春的冷凉季节，阳光充足、昼夜温差较大的条件下表现得更为明显；叶片卵圆状三角形，无叶柄，其基部连在一起；幼叶上下叠生，老叶上下之间有少许的间隔。其近似种还有舞乙女、小米星、彩色蜡笔、十字星等。

可在生长季节扦插繁殖。

制作小品时可将数株合栽，栽种时注意高低错落，使之疏密有致，富于变化。可根据需要点缀赏石等，使之更具自然情愫。

13

串钱景天

串钱景天（吴雪亮　作）

■ **养护**　习性与方塔近似，可参考方塔的养护。

韵（兑宝峰　作）

星公主（*Crassula remota*）为景天科青锁龙属多肉植物。植株丛生，有分枝，甚至能形成较为显著的枝、干。肉质叶圆润。可制作成多种形式的小品，或模仿自然界的老树，或表现秀雅的丛林景观，都能收到不错的效果。

繁殖与养护均可参照串钱景天进行。

14

星公主

妖娆（尚建贞　作）　　　多姿（尚建贞　作）　　　　清新（兑宝峰　作）

15 花月

花月（*Crassula portulacea*）为景天科青锁龙属多肉植物。植株呈灌木状，多分枝，肉质茎粗壮。肉质叶肥厚，匙形至倒卵形，叶色深绿，有光泽，有些品种叶缘呈红色。园艺品种、变种或近似种有'筒叶花月''姬花月''黄金花月''三色花月''新花月锦''落日之雁'，以及燕子掌、玉树、宇宙木等。

繁殖可在生长季节进行扦插，叶插、茎插均可。

■ │ **造型** 可根据品种特性和老桩形态，吸收盆景的技法，可制作不同形式的小品。因其叶片大而肥厚，可利用植物的自然属性，加工的错落有致，疏密得当，最大限度地保留植物自身的特点。由于其枝条较脆，很容易折断，造型方法应以修剪为主，蟠扎、牵拉为辅，使之和谐自然；牵拉时应让植株干旱几天，使得枝条较为柔软时再进行，以免折断。

【造型实例】

用'筒叶花月'制作的《玉树临风》。

首先，将'筒叶花月'栽种到花盆一隅，栽种时应注意其位置不可居中，以免显得呆板；然后，摆上事先选好的观赏石，观赏石宜矮不宜高，以衬托植物的修长挺拔；最后在合适的位置点缀一些薄雪万年草。这样，一盆简洁明快、两面皆可观赏的小品就完成了。其自然挺拔，素雅清新，遂题名"玉树临风"。

玉树临风（兑宝峰　作）

用'落日之雁'制作的《牧歌》。

①扦插成活的'落日之雁'。

②过数年的生长，当初的小苗已经长大。

③剪后为了加快生长速度，移至较大的瓦盆内。

④植株已经基本成型，将其移到圆形紫砂盆内，并在盆面栽种习性与'落日之雁'近似的薄雪万年草。

⑤随着植株的生长，圆盆也有些小了，于是换了一个稍大的长方形盆器。

⑥修剪下的枝条和叶片都可供扦插繁殖。

③ ④ ⑤

⑥A ⑥B

《牧歌》制作过程（兑宝峰　作）

筒叶花月（尚建贞　作）

筒叶花月（尚建贞　作）

玉树（尚建贞　作）

筒叶花月（兑宝峰　作）

春韵（兑宝峰　作）

玉树（兑宝峰　作）

牧歌（尚建贞　作）

三色花月（尚建贞　作）

■ **养护**　花月喜温暖干燥和阳光充足的环境，耐干旱，耐贫瘠，不耐寒，怕积水。5℃以上可放在室外阳光充足、通风良好的地方养护，即便是盛夏高温季节也不必遮光，这样有充足的阳光、较大的昼夜温差，可以使其叶色靓丽美观。生长期保持土壤湿润，不要长期雨淋，以免因土壤积水，

花月（尚建贞　作）

造成根、茎腐烂。春、秋季节的生长旺季，每月施 1 次腐熟的稀薄液肥，以促进植株生长，夏季高温和冬季低温时要停止施肥。冬季置于光照充足之处，注意控制浇水，使植株休眠，能耐 5℃甚至更低的温度。

　　花月的整形多在生长季节进行，剪除影响树形的枝条和新芽。需要指出的是，花月的叶子较大，在整个小品中起着非常重要的作用，整形时应注意取舍，以保持美观。剪下来的枝条和叶子都可以作扦插繁殖的材料。翻盆可在春季或秋季进行，土壤要求疏松透气、具有良好的排水性，可用炉渣、园土、蛭石或沙子、腐叶土或草炭土等材料混合。

16

筒叶菊

筒叶菊（*Crassula tetragona*）也称桃源乡，为景天科青锁龙属多肉植物。植株多分枝，易丛生，老枝灰色。肉质叶筒状，顶端尖，绿色。

筒叶菊可用扦插的方法繁殖，如果温度适宜，一年四季都可进行。插穗长短要求不严，扦插前要晾3～5天或更久，使伤口干燥，以免腐烂。插后保持土壤偏干，以利于生根。扦插成活的筒叶菊苗可放在阳光充足、通风良好的地方养护，保持土壤湿润而不积水，每10天左右施1次稀薄液肥，以促进植株生长。注意打头摘心，随时剪去造型不需要的枝条，以尽快形成枝条布局合理、线条流畅的树形。

■ **造型**　筒叶菊可制成多种造型的小品。由于是肉质茎，质脆，容易折断，因此造型方法以修剪为主。可剪去影响树形的枝条，将过长的枝条剪短，再根据造型需要辅以牵拉等技法。摆放时要注意将主要观赏面放在朝着阳光的位置，以利用植物的趋光性对树形进行微调，使之郁郁葱葱、生机盎然。

丛林式是筒叶菊的主要造型。选材时不要挑高度相同的植株；栽种时各植株位置不要处在同一条线上，应使之前后错落、左右呼应、高低有致。完工后可在盆面点石，栽种习性与其近似的薄雪万年草等细小的植物，使盆面地貌形态自然和谐，富有野趣。根据需要还可在盆面铺上青苔，但青苔不宜长期留在盆面上。这是因为青苔喜阴湿，而作为主体植物的筒叶菊喜干燥和光照充足的环境，二者习性相悖，不方便管理，而且青苔长期留在盆面上，还会影响土壤的通透性，造成烂根。

筒叶菊（尚建贞　作）

筒叶菊（张国军　作）　　　　　　　筒叶菊（张国军　作）

养护　筒叶菊可参考花月的养护进行。但需要指出的是，其萌发力较强，生长速度快，可随时剪去影响造型的枝条（剪下的枝条可供扦插繁殖）。冬季应移入室内阳光充足之处养护，控制浇水，使植株休眠，不低于0℃可安全越冬。

若绿（*Crassula muscosa* 'purpusii'）为景天科青锁龙属多肉植物，青锁龙的变种。植株丛生，肉质叶包裹在茎上。其原种青锁龙也见于栽培。

繁殖可在春秋季节进行扦插或分株，都很容易成活。

■│**造型**　若绿株型略呈拱形下垂，姿态自然飘逸，丛植于小盆中，点缀以赏石、贝壳、海螺等，极富野趣。用作其他小品的装饰陪衬植物效果亦佳。

■│**养护**　若绿喜温暖干燥和阳光充足的环境，适宜在疏松透气、排水良好的土壤中生长。日常管理较为粗放。可放在光照较为充足处养护，夏天高温季节注意通风良好，并适当遮阴；浇水掌握"宁干勿湿"的原则，一般不必另外施肥。及时剪除凌乱的枝条，以保持其美观。

17

若绿

若绿

火祭（*Crassula capitella* 'Campfire'）又名秋火莲，为景天科青锁龙属多肉植物。植株丛生，叶色在阳光充足的条件下呈红色，特别是秋末至春季，由于昼夜温差较大，其叶片颜色更为鲜艳，非常美丽。栽培中另有斑锦变异品种'火祭之光'，也称'白斑火祭'或'火祭锦'，其叶片绿色，叶缘白色斑纹，经阳光暴晒后叶色呈粉红色。

繁殖用扦插的方法。

■ **造型** 生长多年的火祭老桩枝干曲折多姿，可用于制作小品。上盆时应注意角度的选择，或斜或垂或直，摘除老叶，放在阳光充足、昼夜温差较大的环境中养护，注意控制浇水，这样新长出的叶子就会鲜红娇艳，犹如朵朵鲜花盛开在枝头。

火祭

■ **养护** 火祭喜温暖干燥和阳光充足的环境，耐干旱，怕水涝。在半阴或荫蔽处植株虽然也能生长，但叶色不红。因此，一年四季都要给予充足的光照，即使盛夏也不必遮光。同时，要求有良好的通风。栽培中不必水肥过大，当植株长得过高时要及时修剪，以控制植株高度，促使萌发新的枝叶，维持株型的优美。冬季放在阳光充足的室内，保持盆土干燥，能耐短期的0℃低温。每1～2年地春季换盆1次，盆十宜用排水透气性良好的沙质土壤。

银波锦（尚建贞　作）

19

银波锦

银波锦（*Cotyledon undulata*）为景天科银波锦属多肉植物。植株呈有分枝的灌木状，小枝白色。肉质叶对生，倒卵形，边缘波浪状，叶面被有浓厚的白粉。

繁殖可在生长季节扦插。

制作小品宜选择生长多年的老桩，剪除多余的枝叶，以形成疏朗清新的株型，表现植物在大自然中的神韵。

■ **养护** 可参考火祭的进行。

薄雪万年草

20

薄雪万年草

薄雪万年草（*Sedum hispanicum*）也叫薄雪万年青，为景天科景天属多肉植物。纤细的肉质茎匍匐生长，接触土壤即可生不定根。叶棒状，密集生长于茎的顶端；叶绿色或蓝绿色，表面有白粉，下部的叶易脱落，在阳光充足、冷凉且昼夜温差较大的环境中，植株呈美丽的粉红色。

繁殖可用分株、扦插等方法。

■| **造型** 薄雪万年草是一种清秀典雅，富有野趣的小型多肉植物，用小盆栽种，自然清雅，苍翠欲滴；因其耐旱性好，能够在土壤较少的地方生长，可种植在山石上，其层次丰富，或如远观的微缩版针叶林，或像一道道绿色溪流跌宕于山壑之间，展示着不同的风采，给人以生机盎然的感觉。此外，还可作为其他小品的点缀植物。

薄雪万年草小品（王建峰　作）

薄雪万年草小品（尚建贞　作）

■| **养护** 薄雪万年草在欧洲及中亚地区都有着广泛的分布，喜温度干燥和阳光充足的环境，耐干旱，怕积水，有一定的耐寒性。生长期可放在室外阳光充足处养护，即使盛夏高温季节也不要遮光，以使得株型紧凑美观。在半阴处虽然也能生长，但株型松散，影响观赏性，而光照不足则会造成植株徒长，使得叶与叶之间的距离拉长，看上去稀松难看，而且植株长势孱弱，很容易引起黑腐病等病症，使得整盆植株腐烂，全军覆没。生长期保持盆土湿润，避免积水，也不要长期淋雨，这些都是为了避免植株腐烂。

薄雪万年草耐瘠薄，栽培中施肥与否要求不严。冬季置于光照充足之处，控制浇水，保持土壤不结冰即可。夏季高温季节要求有良好的通风，避免闷热潮湿的环境，以免造成植株腐烂。该植物生长迅速，应注意及时掐掉影响美观的枝条；当生长过密时要进行分盆，以保持株型的美观；因其肉质茎较脆，很容易断，换盆时应小心操作，以免弄断较长的枝条，影响观赏效果。

乙女心（*Sedum pachyphyllum*）为景天科景天属多肉植物。植株多分枝，肥厚的肉质叶密集排列在枝干的顶端。叶绿色至粉红，长圆形，被有白粉，在强光与昼夜温差较大或冬季低温期叶色会变红。近似种有八千代等。

繁殖可在生长季节进行扦插。

■ | **造型** 乙女心枝干虬曲多姿，栽种时注意角度，或正或斜或垂或立，并注意植物的观赏面与盆器的观赏面是否一致。因其枝干较脆，容易折断，造型方法以修剪为主。可剪去多余的枝条，摘除影响美观的叶子，使其疏密有致、高低错落，以达到最佳观赏效果。

乙女心（尚建贞 作）

■ **养护** 乙女心喜凉爽干燥和阳光充足的环境，要求有较大的昼夜温差，在这样环境中栽培的植物叶子肥厚圆润，色彩鲜亮。夏季高温时植株生长缓慢，甚至完全停滞，应控制浇水，注意通风。冬季应移入室内光照充足处，在控制浇水的情况下，不低于0℃可安全越冬。

22 松塔景天

松塔景天（*Sedum reflexum*）又名松叶景天，为景天科景天属多肉植物。植株早期呈直立状，以后倒卧地面，匍匐生长。叶三出轮生，排列密集，顶部呈密集的开裂松果状；叶色蓝绿至灰绿。

松塔景天用分株和扦插都很容易成活。

■ **造型** 单株的松塔景天外观酷似微缩版的杉树，因此可用其模仿针叶林的小品。其具体步骤如下：

①大面积种植的松塔景天；

②选择两丛大小不等松塔景天备用；

③准备一中等深度的长方形花盆，在花盆底部的排水孔垫上纱网，然后铺上培养土；

④将两丛松塔景天栽种在花盆不同的位置，注意前后的错落，使其主次分明，富有层次感；

⑤在适宜的位置点缀石头和小草或其他种类的小型多肉植物，以增加野趣，使其效果更好。

松塔景天小品（杨自强　作）

　　需要指出的是，由于该作品刚刚制作完毕，效果还不是太好，植物不够丰满健壮，也缺乏应有的层次感。尽管如此，其野趣盎然，以小见大的针叶林意境已经展现出来，以后随着植物的生长，枝叶的繁茂，其效果会更好。

■　**养护**　松塔景天的管理较为简单，平时宜放在阳光充足之处养护，不要浇水过多，一般情况下不要施肥，这些措施都是为了避免植株徒长，使其株型紧凑保持盆景的美观。

23 球松

球松（*Sedum multiceps*）也称小松绿，为景天科景天属多肉植物。植株低矮，多分枝，株型近似球状；老茎灰白色，新枝浅绿色，以后逐渐转为灰褐色。肉质叶近似针状，但稍宽，长约1厘米，簇生于枝头，绿色；老叶干枯后贴在枝干上，形成类似松树皮般的龟裂，很久才脱落，露出光滑的肉质茎。小花黄色，星状，暮春开放。

球松的繁殖可在生长季节进行扦插，以10月至翌年的3～4月最为适宜。修剪下来的枝条，可作为插穗用于扦插繁殖，除盛夏高温季节外，不论枝条长短都很容易成活。

球松（兑宝峰 作）

■ | **造型** 球松植株矮小，株型紧凑，绿色的针状叶簇生枝头，郁郁葱葱，酷似微缩版的松树，可利用这个特点，制作表现松树风采的小品。因其枝条较脆，容易折断，其造型方法以修剪为主，采用蟠扎的方法造型时，应事先进行控水，使枝条变的较为柔韧时再进行，以免将枝条折断。对于一些生长多年的植株，可通过修剪的方法，使其形成明显的主干。需要指出的是，球松的枝干较细，应注意控制植株的高度，使其枝、干之间比例自然协调。

■ | **养护** 球松原产北非的阿尔及利亚，喜凉爽干燥和阳光充足的环境，耐干旱，怕积水，怕酷热。9月至翌年5月的生长期，可放在光照充足之处养护，如果阳光不足，会使植株徒长，叶与叶之间的距离拉长，失去紧凑秀美的株型，而且还容易倒伏。浇水应掌握"宁干勿湿"的原则，长期积水易造成烂根。为了保持小品形态的优美，养护中一般不必另外施肥。

夏季高温时球松处于休眠状态，植株生长停滞，可放在通风良好的半阴处养护，注意控制浇水，避免雨淋，尤其是长期雨淋，以防植株腐烂。冬季应移入室内光照充足的地方，控制浇水，使植株休眠，能耐0℃甚至更低的温度。每年秋季换盆1次，盆土要求疏松透气、具有良好的排水性，可用园土、沙土等材料混合配制。

球松的黄色花虽然素雅，但与小品的整体风格也不甚协调，而且还会消耗过多的养分，对植株生长造成不利影响，尤其是影响度夏，甚至造成植株死亡，因此出现花序后要及时剪掉。

小人祭（*Aeonium sedifolium*）也称日本小松，为景天科莲花掌属多肉植物。植株多分枝，呈亚灌木状，在相对潮湿的环境中，中下部的枝干上会长出气生根。肉质叶细小，卵状，呈莲座状排列；叶绿色，带有紫红色纹，在阳光充足的环境中，整个叶子都呈褐色。夏季高温时植株休眠，叶子会包起来。总状花序，小花黄色，春季开放。有园艺品种'丸叶小人祭'，其肉质叶厚实而圆润。

小人祭的繁殖可在春秋季节剪取健壮的枝条进行，扦插很容易生根成活。冬季如果有完善的保暖措施，也可进行。插前晾几天，使伤口干燥，以防腐烂。

■ | **造型** 小人祭的枝干较脆，容易折断，可根据植株的具体形状因势利导，通过改变种植角度等方法来达到理想的效果。可剪去多余

24 | 小人祭

小人祭（张国军　作）

'丸叶小人祭'（兑宝峰　作）

的枝条，用牵拉的方法调整不到位的枝条，使之层次分明。需要指出的是，小人祭的枝干较细，树冠不宜过大，否则势必头重脚轻，造成不和谐。而通过数株组合、附石、附木等方法，可在视觉上使树干粗一些，其下垂的气生根扎进土壤中，与郁郁葱葱、葳蕤茂盛的树冠相映成趣，颇有大榕树独木成林的风采。

山林野趣

小人祭（兑宝峰　作）

多彩的秋天（兑宝峰　作）

■ **养护**　小人祭喜凉爽干燥和阳光充足的环境，耐干旱，怕积水。夏季高温季节植株处于休眠状态，应控制浇水，注意通风，避免闷热的环境。春秋季节的生长期宜保持土壤湿润而不积水，成型的小品不要求其生长太快，可不必施肥，以保持树形的优美。除夏季高温季节适当遮阴，避免烈日暴晒外，其他不论任何时候，都要给予充足的阳光，至少也要半阴的环境，以免因光照不足，造成植株徒长。此外，阳光充足下的植株不仅株型紧凑，而且叶上还有红褐色斑纹，斑斓多彩，非常适合表现秋季的山林景色；而在半阴环境下的植株叶色则为翠绿色。

在光照不足处养护的'九叶小人祭'　（兑宝峰　作）

移至室外光照充足处叶上红褐色斑纹显现

小人祭生长较快，可在生长期随时进行修剪，剪去影响树形的枝条（剪下的枝条可供扦插繁殖）。当树形过大时可进行回缩修剪，将过长的枝条剪短，以促发新枝，形成紧凑矮壮的株型。小人祭花的观赏性并不高，可在花蕾形成后及时剪掉，以免消耗过多的养分。秋季或早春进行翻盆，盆土要求疏松透气、排水透气性良好，可采用"湿土干栽"的方法上盆。

"湿土干栽"，即用潮湿的土壤栽种，栽后不要立即浇水，等过 2～3 天后浇 1 次水，以后保持土壤湿润但不积水，以利于根系的恢复，这是多肉植物常用的栽种方法。

有些对多肉植物了解不多的人，喜欢像栽种其他类型的植物那样，上盆后立即浇水，甚至将盆器放在水盆里浸泡一段时间。其实，这样做是不对的。刚开始表面上看不出来什么症状，但不久便会造成沤根，叶子就会萎蔫脱落；而看到叶子萎蔫脱落，以为是缺水造成的，就继续将其泡在水里，这样虽然利用茎枝的吸收功能会使得叶子暂时恢复正常，但根部的腐烂会进一步加剧，最终造成植株死亡。

25 爱染锦

爱染锦（*Aeonium domesticum fa. variegata*）别名墨染、黄笠姬锦，为景天科莲花掌属多肉植物。植株呈多分枝的亚灌木状，中下部易生气生根。肉质叶在分枝顶端呈莲座状排列，绿色有黄白色斑纹，甚至整片叶子都呈黄色。

繁殖与养护可参考小人祭。

■ | **造型** 爱染锦的叶子较大，色彩斑斓，其璀璨的叶子犹如盛开在枝头的朵朵莲花，非常美丽。制作小品时可利用这个特点，以修剪、牵引、蟠扎相结合的方法制作丛林式、大树型等形式的小品，并注意枝与枝、枝与叶、叶与叶之间的藏与露，做到疏密有致、高低错落，有一定的层次感。

爱染锦

26 红缘莲花掌

红缘莲花掌（*Aeonium haworthii*）为景天科莲花掌属多肉植物。植株呈多分枝的灌木状。分枝顶端的叶子排成莲座状；叶片倒卵形，质稍厚，叶缘有细锯齿；叶色蓝绿或灰绿色，叶缘红色或红褐色，在夏日阳光充足的环境中，整个叶子都呈黑褐色，并向内包裹，整个叶盘酷似一朵即将绽放的"玫瑰花"。

红缘莲花掌的繁殖可在生长季节进行扦插。

■ | **造型** 红缘莲花掌的枝干扭曲多姿，并有发达的气生根，与枝条顶端的莲座状叶盘相得益彰，犹如一朵朵莲花盛开在枝头，奇特而美丽。制作小品时应注意取舍，使其疏密有致。

■ | **养护** 红缘莲花掌喜凉爽干燥和阳光充足的环境，耐干旱，怕积水。平时可放在光照充足之处养护，即使盛夏也不必遮阴，但通风要良好。其他管理措施可参考小人祭。

红缘莲花掌小品（兑宝峰 作）

27

黑法师

黑法师（*Aeonium arboreum*）也称紫叶莲花掌，为景天科莲花掌属多肉植物。植株呈多分枝的灌木状。肉质叶紫黑色（在阳光充足的环境中尤其显著），倒长卵形或长披针形，叶缘有睫毛状细齿。近似种及变种有法师锦、紫羊绒、黑法师缀化等，亦可用于小品的制作。

黑法师的繁殖可在生长季节扦插。

■ │ **造型**　可利用黑法师植株多分枝的特点，将枝干修剪得错落有致，其黑紫色的叶盘如同一朵朵墨菊绽放在枝头。还可利用叶盘似莲座的特点，与其他叶盘似莲花的多肉植物组合，并摆放佛的饰件，表现禅的韵味。而法师锦则可与同属的山地玫瑰等无明显主干的植物组合，其高低错落，如一盆盛开的花朵，自然别致而富有趣味。

■ │ **养护**　习性与小人祭近似，可参考小人祭进行。

禅悟（郑州植物园）

法师锦与山地玫瑰组合（兑宝峰 作）

28 观音莲

观音莲（*Sempervivum tecrum*）也称观音座莲、佛座莲、平和、长生草，为景天科长生草属多肉植物。具莲座状叶盘，其品种很多，叶盘直径从 3 ~ 15 厘米都有。肉质叶，叶色依品种的不同，有灰绿、深绿、黄绿、红褐等色，叶顶端的尖呈绿色、红色或紫色。

繁殖以分株为主，也可用播种或扦插等方法。

■ 造型 观音莲植株低矮，株型呈美丽的莲座状，叶的颜色也较为丰富，数株错落有致地植于阔口盆中，犹如朵朵盛开的莲花，自然奇特。此外，还可将其山石上或枯木、树根之上，模仿自然景观。

回归自然（敲香斋）

莲韵

▶ ▶ 小贴士

禅意小品

莲花，出污泥而不染，与佛教有着密不可分的关系，甚至可以说，莲就是佛教的象征。而在多肉植物中，尤其是景天科的莲花掌属、拟石莲属、长生草属不少种类的植株呈莲座状排列，酷似一朵绽放的莲花，而且色彩也较为丰富，除了绿色外，还有白、蓝、红、紫等颜色，可利用其这个特征制作禅意小品。方法是将观音莲或者其他形似莲座的品种植于盆中（一般是数株丛植，既可选择单一品种，也可几个品种组合），种好后在盆面撒上砾石、石子或

莲韵（李筱莉　作）

其他颗粒材料，在适宜的位置摆上佛陀或僧侣，以示禅意。

禅意

悟

禅意小品

■ **养护**　观音莲喜阳光充足和凉爽干燥的环境，春、秋季节是其主要生长期，要求有充足的阳光，如果光照不足会导致株型松散，不紧凑，影响其品相和观赏；而在光照充足处生长的植株，叶片肥厚饱满，株型紧凑，叶色靓丽，非常美观。浇水掌握"不干不浇，浇则浇透"的原则，避免长期积水，以免植株腐烂。观音莲有着较强的耐寒性，冬季可耐 0℃，甚至更低的温度，甚至被雪埋着也能存活，

而且在一定温度范围内越冻颜色越好。夏季的休眠期，可放在通风良好处养护，应控制浇水，更不能长期任其被雨淋，以免因闷热、潮湿、土壤积水导致植株腐烂。

每1～2年的春季或秋季翻盆1次，盆土要求疏松肥沃、具有良好的排水透气性。换盆后可在盆面铺上一层砾石或其他颗粒材料，以保持其洁净美观。

独秀（第十七届青州花博会）

29 夜叉姬

夜叉姬（*Tylecodon toruosum*）在日本被称为"沙夜叉姬"，为景天科奇峰锦属多肉植物。植株多分枝。肉质叶绿色；夏季休眠时其叶干枯，但仍会残留在茎枝上而不脱落。

多在春秋季节用扦插或分株的方法繁殖。

■ ｜造型　夜叉姬根部清奇古雅，犹如生长多年的老树兜；其新叶嫩绿，生机盎然。无论组合还是单株成景，都能表现出天然野趣。可采用修剪的方法，剪去多余的枝条，使其高低错落、疏朗通透。

【造型实例】

①将5棵植物分为大小两丛，栽于椭圆形花盆内，虽然有点野趣，但看上去似乎有点僵化，缺乏大自然中的灵动之美。

②将其分成两盆后效果也不是太好，觉得有点呆板，失之雅趣。

③再重新布局，发芽后虽然清新动人，但觉得有些拥挤，缺乏层次感。

④剔除过密的植株后，重新栽种，效果就好多了，其层次分明，错落有致，富有诗情画意。题名"竞秀"，以表现春天树木葱茏、生机盎然的景象。

⑤经过数年的养护，删繁就简，并更换稍小一些的盆，使其疏朗简洁，清新自然。

《竞秀》制作过程（兑宝峰　作）

■　**养护**　夜叉姬喜凉爽干燥和阳光充足的环境，夏季高温季节，植株处于休眠状态，其生长停滞，叶子逐渐干枯，此时应控制浇水，避免雨淋，加强通风，以防茎干及根部腐烂。秋凉后植株开始生长，萌发新叶，可将植株移至光照充足处养护，使其尽可能多地接受阳光的沐浴，以避免徒长，形成紧凑壮实的株型。生长期浇水掌握"不干不浇，浇则浇透"的原则，避免盆土积水，栽培中一般不必另外施肥。冬季置于室内阳光充足处，能耐5℃或更低的温度。

生长季节注意修整株型，及时除去影响美观的枝条（剪下的枝条晾2~3天，伤口干燥后可以扦插繁殖），以保持小品的疏朗俊秀。

芦荟（*Aloe* sp.）为芦荟科芦荟属多肉植物的总称。其种类很多，适合制作小品的芦荟要求植株不大、形态自然的品种，像草芦荟、第可芦荟、海虎兰等都是不错的选择。其风格刚劲粗犷，颇具热带沙漠风情。

芦荟的繁殖以分株、播种为主。

■　**造型**　可选择稍浅一些的中小型长方形或椭圆形紫砂盆。先将

30

芦荟

1～2株或丛生的芦荟作为小品的主体栽于花盆的一侧，栽种时注意前后位置的错落，以达到最佳观赏效果。栽好后在花盆的另一侧点缀石块，并在空闲的位置栽种一些小型多肉植物作为陪衬，以突出其整体美。

由于这类小品表现的是大自然中植物的生态环境，所以不必摆放亭、桥、阁及人物等传统摆件，以表现自然野趣。

芦荟

■ **养护** 芦荟喜温暖干燥的半阴环境，耐干旱，怕积水。强光照射会使叶尖变红，甚至枯焦；光照不足又会使株型散乱，影响观赏；因此最好放在光线明亮又无直射阳光处养护。平时保持盆土偏干一些，以控制长势，维持小品的完美。春、秋季节每月施 1 次薄肥，夏季注意通风，冬季节制浇水，0℃以上可安全过冬。

31
瓦苇（十二卷）

瓦苇也称十二卷，是芦荟科瓦苇属（*Haworthia*，旧的分类法将其划归百合科十二卷属）多肉植物总称。其品种很多，按叶质可分为软叶系和硬叶系两大类，适合制作盆景的是硬叶系中的条纹十二卷、鹰爪瓦苇、十二缟、白帝、九轮塔以及软叶系中的玉露或其他小型原始种。

多在生长季节用分株的方法繁殖。

造型与养护均与芦荟近似，可参考进行。

鹰爪瓦苇（兑宝峰 作）

野趣（郑州植物园）

【造型实例】

①种植在黑色塑料盆中的古笛锦（左）和象牙塔白锦（右）平平淡淡。

②将其分别移入椭圆形紫砂盆后，并点石，虽然有点野趣，但仍以表现植物的自身之美为主，缺乏相应的景意。

③将两种植物合植于一盆，并点石，点缀其他小植物，虽有些呼应，但略微有点凌乱。

④重新改变造型，还是原来的植物，仅仅将右侧的象牙塔白锦换个方向，其疏密得当，意趣天成，颇有非洲热带沙漠的异域风光特色。

①

②A

②B

瓦苇小品造型实例（兑宝峰　作）

---

32 白银杯

白银杯（*Senecio fulgens*）也称白银龙、绯之冠，为菊科千里光属多肉植物。具发达的根状茎。茎、叶均为肉质，植株有分枝。叶片灰绿色，阳光充足时带有紫晕，叶缘平滑或偶有锯齿。

白银杯的繁殖可用扦插、分株或播种等方法。

白银杯（尚建贞　作）

白银杯（王小军　作）

白银杯小品（王文鹏　提供）

■ | **造型**　白银杯根茎肥硕，可丛植于盆中，以表现山林野趣，栽种时注意植株的疏密与错落，以彰显自然情趣。也可利用其枝干飘逸等特点，制作悬崖式等造型的作品。

■ | **养护**　白银杯喜温暖干燥和阳光充足的环境，耐干旱，怕积水。夏季高温时植株有短暂的休眠期，可放在通风凉爽处养护，并控制浇水。平时浇水做到"见干见湿"，不可积水。白银杯肉质叶大而厚，重量很大，当植株生长到一定高度后，茎枝支撑不住厚重的叶子就会倒伏。因此，平时应注意可剪除老的枝叶，以控制植株高度，促进侧枝萌发，保持株型的优美。

紫蛮刀（*Senecio crassissimus*）也称紫章、紫金章、紫龙、鱼尾冠，为菊科千里光属多肉植物。茎、叶均为绿色，叶倒卵形，青绿色，稍被白粉，叶缘及基部呈紫色，在昼夜温差大，光照充足的环境中尤为显著。头状花序，小花红色或橙红色、黄色。

繁殖可在生长季节进行扦插。

33

紫蛮刀

■ | **造型**　紫蛮刀的茎枝相对柔软，可用金属线进行蟠扎造型，蟠扎前宜控水 2～3 天，以使枝条进一步软化，以避免折断，便于操作。平时应注意剪除影响美观的叶子，使其疏朗通透。

【造型实例】

①塑料盆中的紫蛮刀。

②用不同的盆器、选择不同的角度种植，都不是太理想。

③将其种植在一个正方形小盆中，经过一段时间的生长，枝叶繁茂，叶子过多，有点儿头重脚轻。

④于是摘除部分叶子，露出主干，换个较深的正方形盆；栽种时将根系提出土面，并点缀奇石，铺青苔，使之洁净典雅。

⑤后来该正方形盆被打烂了，换成圆形花盆，将植物换个角度，作悬崖式种植，其枝干曲折有致，又是一番景色。

紫蛮刀小品造型实例（兑宝峰　作）

养护　与白银杯接近，可参考白银杯的养护措施。

34

绿之铃

绿之铃（*Senecio rowleyanus*）也称佛珠、珍珠吊兰、情人泪，为菊科千里光属多肉植物。茎悬垂或匍匐地面生长。肉质叶圆球形，似一串串绿色的珠子。

繁殖可在生长季节分株或扦插。

■｜**造型**　绿之铃株型潇洒飘逸，可数根栽于山石上、玻璃杯中或其他器皿中，任其枝条下垂，秀雅婀娜。也可作其他多肉植物的小品的铺面材料。

绿之铃

绿之铃（菖蒲工坊）

■ │ **养护** 绿之铃原产非洲西南部干旱的亚热带地区，喜温暖干燥的半阴环境，耐干旱，不耐寒，也怕高温和强光暴晒。春、秋两季的生长旺盛期，可放在光线明亮处养护，保持盆土稍湿润，避免积水，否则会造成根部腐烂。夏季高温时植株处于半休眠状态，生长虽未完全停止，但极为缓慢，应放在通风凉爽处养护，并严格控制浇水，更不能长期雨淋。冬季放在室内阳光充足处养护，不低于5℃即可安全越冬。栽培中应注意修剪整形，及时剪去过长、过乱的茎叶，以保持株型的优美。盆土要求肥沃、疏松，并有良好的排水性。

皱叶麒麟（*Euphorbia decaryi*）为大戟科大戟属多肉植物。植株低矮，呈丛生状。肉质茎呈细圆棒形，初为直立生长，以后则逐渐贴着土面呈匍匐生长，表皮粗糙起皱。叶轮生，植株下部的老叶常脱落，仅在茎的顶部长有为数不多的叶片，叶片长椭圆形，全缘，具褶皱，叶色青绿或深绿。

繁殖可用播种或扦插、分株等方法。

■ │ **造型** 皱叶麒麟酷似微缩版的椰子树，可利用这个特点制作具有热带海滩风光特色的小品。宜用小型的浅椭圆形或长方形紫砂盆、瓷盆之类的盆器。上盆时挑选一些形态较好的植株，将数株栽于一盆。布置时要做到有主有次、层次分明，注意前后左右位置错落和高低变化。制作完工后可在盆面洒些沙子、摆放石子或石砾，点缀一些薄雪万年草、姬星美人等小巧的多肉植物，使其整体风格和谐统一，具有

35

皱叶麒麟

热带海滩风光特点和大自然之野趣。此外，还可利用枝干线条自然流畅简练的特点，制作其他风格的小品。

飘（兑宝峰 作）

野趣（兑宝峰 作）

独秀（张增文 作）

▶▶ 小贴士

仿椰树小品的制作

　　椰子植株挺拔潇洒，"碧海蓝天，椰林沙滩"是热带海滩风光的象征，但真正的椰子树因植株过于高大，很难植于盆钵之中，即使幼苗能够植于盆中，也表现不出椰林风光特有的神韵。因此，在制作此类小品时，可考虑用形态与椰子树近似而且相对矮小的植物替代。我们知道，椰子是棕榈科植物，树干通直高大，却几乎无分枝，由众多小叶组成的羽状叶聚生于树干顶端，整体给人以疏朗俊逸的感觉。在选择替代植物时可考虑皱叶麒麟、天南星、落地生根、水竹、朱蕉、南洋杉的幼苗等植物，必要时可摘去下部的叶片，仅保留其顶端叶子。上盆时既可单株成景，也可数株组合，组成椰林风光，并做到有直有斜，使之疏影横斜，富有动感。完工后可在盆面铺上一层浅色沙子，使作品更具有热带海滩风光的韵味。

南洋杉小品——南国风情（郑州植物园）

天南星小品——独秀（王松岳　作）　　皱叶麒麟小品——椰韵（兑宝峰　作）

落地生根小品——相伴（王
小军　作）

铺青苔的椰林小景（兑宝峰　作）

铺沙子前的椰林小景　　　　　铺沙子后的椰林小景

■ | **养护** 皱叶麒麟原产非洲的马达加斯岛，喜温暖干燥和阳光充足的环境，耐干旱和半阴，怕荫蔽，也怕水涝。生长期要求有充足的光照。浇水做到"不干不浇，浇则浇透"。夏季高温时注意通风良好，避免闷热潮湿的环境。冬季应移至室内向阳处养护，节制浇水，0℃以上可安全越冬。

由于皱叶麒麟基部的萌芽力强，栽培中应注意整形，及时除去多余的幼芽，剪掉多余的枝干，摘去影响美观的叶片，以维持植株形态的优美。每1～2年翻盆1次，一般在春季进行，盆土可用疏松肥沃，具有良好排水性的沙质土壤。

36

安波沃大戟

安波沃大戟（*Euphorbia ambovombensis*）也称安博翁贝大戟，为大戟科大戟属多肉植物。植株具肥大的块根，肉质茎从分枝顶端长出，丛生，灰白色，最初直立向上生长，以后逐渐平伸，水平方向生长。叶子螺旋生长于茎的上部，叶片稍肉质，叶缘向上翻起呈波浪状；叶面深绿色，叶背常呈紫色，在阳光充足的环境中尤其显著；托叶形成刺毛，以后逐渐脱落。

繁殖及养护可参考皱叶麒麟。

■ | **造型** 安波沃大戟形态古雅，上盆时根据植株的形态选择不同的角度，以表其天然野趣，展现大自然的生态之美。

安波沃大戟（兑宝峰　作）

瓦莲大戟（*Euphorbia waringiae*）为大戟科大戟属多肉植物，安波沃大戟的近似种。形态基本与安波沃大戟近似，但叶子细而长，姿态飘逸。在制作小品时可模仿自然界的老树，极富神韵。此外，还可利用其茎干修长、叶生于顶端的特点，制作具有椰树特色的小品。

■ │ **养护** 同皱叶麒麟。

37

瓦莲大戟

瓦莲大戟（兑宝峰　作）

筒叶麒麟（*Euphorbia cylindrifolia*）为大戟科大戟属多肉植物。具块茎，肉质茎灰白色。叶肉质，生于茎枝上中部；叶片细长，叶缘向内卷，形成筒状，顶端尖。

繁殖可用播种、扦插的方法繁殖。扦插在生长季节进行，剪取健壮充实，并带有顶叶的肉质茎，晾1～2天，等伤口干燥后插入素沙土或蛭石，植株生根前不要浇太多的水，保持盆土稍有潮气即可。

38

筒叶麒麟

筒叶麒麟（兑宝峰　作）

■ │ **造型** 筒叶麒麟为肉质茎，质地较脆，容易折断撕裂，制作小品时可通过可改变植物的栽种角度，利用植物的趋光性、向上生长的习性进行造型，将直立的枝干斜着栽种，使之有一定的动势，随着时间的推移，新长出的枝条会向上生长，这样就形成了一定的弯度。

简叶麒麟（兑宝峰　作）

简叶麒麟（兑宝峰　作）

■ | **养护**　同皱叶麒麟。

39

麒麟掌

麒麟掌（*Euphorbia neriifolia* var. *cristata*）也称玉麒麟，为大戟科大戟属多肉植物，是霸王鞭的缀化变异品种。原种霸王鞭肉质茎多分枝，而本变种的肉质茎变态为扁平扇状或鸡冠状。叶生于肉质茎顶部。其变异品种 '花叶麒麟掌'，叶面上有黄色斑纹。

麒麟掌的繁殖可在生长季节扦插。

■ | **造型**　制作小品时可将麒麟掌作为背景植物，在前面摆放房屋、人物、篱笆等饰件，以展现自然和谐的生活情趣。

麒麟掌（郑州人民公园）

麒麟掌

■ | **养护**　麒麟掌喜温暖干燥和阳光充足的环境，在半阴处也能生长，耐干旱，怕积水。生长期应给予充足的光照，勿使盆土积水，也不必另外施肥。冬季应移入光照充足的室内养护，最好保持5℃以上，否则会因温度过低，造成叶子脱落。

40

飞龙

飞龙（*Euphorbia stellata*）也称飞龙大戟，为大戟科大戟属多年生肉质植物。植株具灰白色块根，其顶端长有数根扁平的片状肉质茎，初期向上生长，以后平展或稍下垂、扭曲生长，表皮深绿色。小花黄绿色，生于刺座旁边，春季开放。

繁殖可用播种的方法或在生长季节进行扦插。

■ | **造型**　飞龙的肉质根虬曲多姿，可利用这个特点，制作以观根为主的小品。

下面的小品先是斜着栽，虽然富有动感，但重心不是很稳；后遂将其直立种植，效果就好多了，其绿色的肉质茎与苍劲的肉质根相映成趣，彰显出岁月的沧桑。

飞龙小品造型实例（兑宝峰　作）

■ | **养护**　参考麒麟掌。需要指出的是，飞龙易萌生侧枝，会使得株型杂乱，可及时剪去影响美观的乱枝（剪下的枝条可供扦插繁殖），以保持株型的疏朗。

41 山影拳

山影拳（*Cereus* sp. f. *monst*）也称山影、仙人山，为仙人掌科天轮柱属几个柱形品种石化变异的总称。根据品种的差异，肉质变态茎的颜色有浅绿、深绿、蓝绿、墨绿等色，山影拳植株虽似郁郁葱葱、层峦叠翠的山峰或精巧别致的灵石，却是有生命的植物。

▶▶

石化变异

石化变异，也叫岩石状或山峦状畸形变异，通常发生在仙人掌科天轮柱属和其他一些柱形或球形种类中。其特征是植株所有芽上的生长锥分生都不规则，使得整个植株的肋棱错乱，不规则增殖而长成参差不齐的岩石状。

■ **造型** 山影拳因形态酷似山石，在制作小品时可参考山石盆景的技法，以山影拳替代山石，将其栽植在盆钵中。栽种时，要注意高低错落、主次分明，不要栽种得过于密集，要给植物留下足够的生长空间，也使得视野更加开阔。

山影拳（王松岳 作）

■ | **养护**　山影拳习性强健，喜温暖干燥和阳光充足的环境，耐干旱和半阴，怕积水，有一定的耐寒性。生长季节可放在阳光充足、通风良好的室外养护，即使盛夏也不必遮光，但不要将长期放在室内或其他光照不足处的植株突然拿到强光下暴晒，以免强烈的直射的阳光灼伤肉质茎。平时保持盆土稍微干燥一些，肥水不必过大，否则会造成植株徒长，出现"返祖"现象，使肉质茎长成原来的柱状，从而破坏株型的完美。而栽培中控制水肥，使其长得稍慢一点，反而会收到良好的效果。空气干燥时应注意向植株喷水，以增加空气湿度，使表皮润泽。夏季高温时，要加强通风，避免闷热的环境，以免闷热干燥引起红蜘蛛危害，而闷热潮湿则会导致肉质茎腐烂。

冬季保持0℃以上，土壤不结冰即可安全越冬，但前提条件是有充足的光照和干燥的土壤。每2～3年换盆1次，换盆时剪掉部分老根，盆土宜用排水透气性良好的沙质土壤，并在盆底放入少量的骨粉或碎骨作基肥。

生石花（*Lithops* spp.）也称石头花，因外形酷似卵石而得名，是一种高度发展的拟态植物，又因肉质叶有些像人的臀部，故也有人戏称之为"屁股花"；为番杏科生石花属多肉植物的总称。植株由两片对生联结的肉质叶组成，其形似倒圆锥体，叶色有浅灰、棕、蓝灰、灰绿、红、紫红等变化，顶部近似卵形，平或凸起，上有透明的窗或半透明的斑点、树枝状凹纹，可透过光线，进行光合作用。顶部中间有小缝隙，花从这条小缝隙开出，花色多为黄、白色，罕有红色。除曲玉等个别品种在夏季开花外，大多数品种都在秋季开花，花朵天气晴朗的午后开放，傍晚闭合，如此持续4～6天。

42

生石花

在番杏科多肉植物中，有很多像生石花这样的拟态植物，像肉锥花属中的安珍、清姬，春桃玉属的绫耀玉，对叶花属的帝玉等，都可以用来制作此类小品。

生石花的繁殖可用播种的方法，一般在秋季进行。

红大内玉

生石花

■ **造型** 用于制作小品的生石花不要求品种的名贵，但要求习性强健。造型时可选择浅盆或中等深度的盆器，将数株生石花错落有致的植于盆中，以模仿原产地的自然风光。栽种时注意疏密得当，切不可种成规整的几何形，以免匠气，最后在盆面点缀一些赏石，并撒上砾石、石子或其他颗粒材料，以增加野趣。

肉锥花等组合（王文鹏　提供）

■ **养护** 生石花原产南非及西南非洲的干旱地区，喜凉爽干燥和阳光充足的环境，要求有良好的通风，耐干旱，不耐阴，怕积水和酷热。具有"冷凉季节生长，夏季高温休眠"的习性。每年的8月下旬随着气候的转凉，生石花结束休眠，进入生长期，可在此时进行翻盆，盆土要求疏松透气，排水性良好，具有较粗的颗粒度。生长期要求有充足的阳光，如果光照不足，会使植株徒长，肉质叶变的瘦高，而且难以开花，但10月以前要避免中午前后的烈日暴晒，以免强烈的阳光将植株晒"熟"变白，从而导致死亡。浇水掌握"不干不浇，浇则浇透"。冬季给予充足的光照，能耐0℃或更低的温度。

生石花的生长过程中有独特的蜕皮现象，每年的花后植株开始在其内部孕育新的植株，并逐渐长大，随着新植株的生长，原来的老植株皱缩干枯，只剩下一层皮，并被新株冲破，直到最后完全脱去这层老皮。1～4月的蜕皮期应停止施肥，控制浇水，甚至可以完全断水，使原来的老皮及早干枯。

除曲玉等个别品种外，大部分种类生石花在夏季高温时生长缓慢或完全停止，要求有良好的通风，明亮的光照，减少浇水，在土壤完全干透后浇少量的水，浇水时间一般在晚上温度较低的时候，不要在白天温度较高的时候浇水，以免因温度突然降低对植株造成伤害。也可完全断水，使植株在干燥的环境中休眠，度过炎热的夏季。

天赐（*Phyllobolus resurgens*）为番杏科天使之玉属多肉植物。植株具不规则形块根，表皮灰绿色，有分枝；在阳光充足的环境中，新枝呈紫红色。叶簇生于枝的顶端，肉质，细长棒状，绿色，密布亮晶晶的吸盘状小疣突。花白色或略微带绿色，春天开放。

天赐的繁殖可在冷凉季节进行播种或扦插，因其种子细小，播后不必覆土，但要覆盖塑料薄膜或玻璃片进行保湿。

■ **造型** 宜选择形态奇特的桩子，上盆时注意走势和角度，或直立，或倾斜，或倒悬，制作出不同姿态的小品。由于其茎枝较脆，稍微一碰就断，造型时可利用桩子的自然形态，因势利导，精心构思，删繁就简，剪去多余的部分，保留精华，使其错落有致，层次分明，如果需要牵拉，应控水一段时间，等枝条变得柔软一

天赐

些时再进行，并注意力度的掌握，以免折断。此外，还可利用植物的趋光性、向上生长的趋势，使需要伸展的枝条朝着阳光，以达到理想的效果。

【造型实例】

①在大棚淘来的天赐老桩，植入小盆中，试看效果，感觉盆有点小，枝盘也有欠缺。

②将其移入稍大一些的盆中，以加速生长，尽快形成完美的枝盘结构，经过一段时间的生长，新的枝叶萌发。

③等枝盘基本形成后，以悬崖式的造型植入黄色筒盆。

④在黄色筒盆里生长一段时间后，尽管有些枝条还有欠缺，但其刚健的骨架，婆娑的枝叶仍令人爱不释手，假以时日，经不断地完善，将变得更加完美。

天赐小品造型实例（兑宝峰 作）

■ **养护** 天赐原产南非，喜凉爽干燥和阳光充足的环境，耐干旱，怕积水。生长期主要集中在春、秋季节，宜给予充足的阳光，否则会因光照不足，造成植株徒长，茎枝纤弱细长，容易折断。天赐对水分较为敏感，当缺水时，枝叶萎蔫下垂，但浇水后很快就会恢复正常状态，生长期掌握"不干不浇，浇则浇透"的浇水原则，盆土积水和长期干旱，都不利于植株正常生长。夏季高温时植株生长缓慢或完全停滞，应放在通风凉爽之处养护，控制浇水，停止施肥，以免因环境闷热潮湿而导致烂根。冬天置于阳光充足的室内，控制浇水，不低于0℃可安全越冬。

天赐的翻盆在春、秋季节进行。土壤要求疏松透气、有一定的肥力、具有良好的排水性，可用草炭加蛭石或珍珠岩、炉渣等混合配制。

姬红小松（*Trichodiadema bulbosum*）也称小松波，为番杏科仙宝属多肉植物。植株多分枝，呈小灌木状。其肉质根非常发达，尤其是生长多年的植株，肉质根盘根错节，苍劲古雅，极富大自然之野趣。叶较小，先端的白毛短而稀疏。花雏菊状，较小，紫红色，6～8月开放。近似种有紫晃星，亦可用来制作小品。

姬红小松的繁殖可用播种或扦插的方法，制作小品也可用买来的成株进行造型。

造型　姬红小松的块根肥硕古雅，在制作小品时可将其根系提出土表，枝条则可通过修剪、蟠扎等方法，使其层次分明。

姬红小松（兑宝峰　作）

■│**养护**　姬红小松原产南非，喜温暖干燥和阳光充足的环境，耐干旱，怕积水。主要生长期在春秋季节，可放在阳光充足之处养护，以避免徒长，形成紧凑健康的株型，并有利于开花。生长期保持土壤湿润，但要避免积水，以免造成烂根，但也不能长期干旱，否则肉质根发皱，生长停滞；每7～10天施1次腐熟的稀薄液肥。夏季的高温季节，植株生长较为缓慢，宜放在通风良好处养护，避免闷热的环境，以防红蜘蛛的危害，并停止施肥。冬季置于阳光充足的室内，控制浇水，使植株休眠，不低于0℃可越冬。

姬红小松枝条的萌发力强，生长较快，应经常修剪，剪除过于凌乱、密集、过长的枝条剪除或剪短，以保持株型的美观。

每年的春天翻盆1次，盆土要求肥沃、疏松透气、具有良好的排水性。

45 块茎圣冰花

块茎圣冰花（*Mestoklema tuberosum*）也称梅斯菊，为番杏科圣冰花属多肉植物。植株多分枝，呈灌木状。具发达的根状茎，其表皮橙色，有皱裂和蜡质光泽。肉质叶绿色，棒状，稍下垂，有细小的瘤状疣突。小花橙红色。

繁殖常用播种的方法。

■│**造型** 块茎圣冰花根系发达，古雅清奇，萌发力强，耐强剪，可制作多种款式的小品。因茎枝略呈肉质，易撕裂，造型以修剪为主，对不到位的枝条可用金属丝进行牵拉引导，使其达到理想的效果。

■│**养护** 块茎圣冰花喜温暖干燥和阳光充足的环境，不耐阴，耐干旱，怕积水。适宜在疏松透气，排水良好的土壤中生长。平时勿使土壤积水，及时抹去茎枝上多余的萌芽，将过长的枝条短截，以形成紧凑而疏朗的株型。

块茎圣冰花

46 沙漠洋葵

沙漠洋葵（*Pelargonium mirabile*）别名枝干洋葵、香叶天竺葵，为牻牛儿苗科洋葵属多肉植物。植株呈多分枝的灌木状，枝干黑褐色。叶圆形，有茸毛。近似种羽叶洋葵（*Pelargonium appendiculatum*），其根干皱裂，古雅清奇，叶羽状，被有茸毛。

沙漠洋葵的繁殖以播种为主。但播种苗生长缓慢，需要数年才能成型，因此可购买成株制作小品。

■│**造型** 沙漠洋葵姿态古雅，自然成型，可根据植株的形态选择不同的盆器，并注意栽种角度，即是一件自然遒劲的小品。其夏季落叶后枝干古朴雅致，秋季新叶萌发后，鲜嫩清新，老枝新叶相映成趣，给人以生机盎然的感觉。

沙漠洋葵（王文鹏　提供）

■ | **养护**　沙漠洋葵喜凉爽干燥和阳光充足的环境，耐干旱，怕积水，适宜在疏松透气，并有一定颗粒度的土壤生长。夏季高温时叶片脱落，植株处于休眠状态，可放在通风凉爽处养护，并停止浇水。其他季节则放在阳光充足处养护，浇水"见干见湿"，冬季最好保持10℃以上，以使其正常生长，5℃以下植株虽不至于死亡，但生长停滞，缺乏生机。

47

玉叶

玉叶（*Portulacaria afra*）俗称金枝玉叶，学名马齿苋树，为马齿苋科马齿苋树属常绿肉质灌木。茎肉质，紫褐色至浅褐色。肉质叶倒卵形，交互对生，质厚而脆，绿色，表面光亮。

玉叶的繁殖可在生长季节用健壮充实的枝条进行扦插，插穗长短要求不严，插前去掉下部叶片，晾几天，使切口干燥后，很容易生根。

■ | **造型**　玉叶可采用大树型、斜干式、直干式、曲干式、悬崖式、丛林式、附石式等，造型方法以修剪为主，蟠扎为辅，由于是肉质茎，蟠扎时不要将金属丝勒进其表皮，否则会造成肉质茎撕裂。玉叶萌发力强，可根据造型需要进行重剪，将不需要的枝条全部剪除，并进行提根，使之悬根露爪，古朴苍劲，具有较高的观赏性。

■ | **养护**　玉叶原产南非，喜温暖干燥和阳光充足的环境，耐干旱和半阴，不耐涝。在荫蔽处虽然也能生长，但茎节之间的距离会变长，叶

雅乐之华

玉叶（敲香斋）

片大而薄，且无光泽，影响观赏。而在阳光充足处生长的植株，株型紧凑，叶片光亮、小而肥厚。但夏季高温时注意通风。生长期浇水做到"不干不浇，浇则浇透"，避免盆土积水，否则会造成烂根。每 15 ～ 20天施 1 次腐熟的稀薄液肥。因其萌发力强，应经常修剪、抹芽，以保持树形的优美。冬季放在室内阳光充足处，停止施肥，控制浇水，温度最好在10℃以上，5℃左右植株虽不

玉叶（敲香斋）

会死亡，但叶片会大量脱落。每 2 ～ 3 年的春季翻盆 1 次，盆土可用中等肥力、排水透气性良好的沙质土壤。翻盆时对植株进行 1 次重剪，剪除弱枝和其他影响树形的枝条，并剪去部分根系，剔除 1/2 ～ 1/3 的原土，用新的培养土重新栽种。

沙漠玫瑰（*Adenium obesum*），别名胡姬花、天宝花，夹竹桃科沙漠玫瑰属多肉植物。植株呈灌木或小乔木状，具发达的肉质根。茎枝肉质，基部膨大。叶倒卵形至椭圆形，集生在枝头。花冠漏斗形，单瓣或重瓣、半重瓣，花色有红、粉、白、黄、紫黑，以及镶边、条纹等复色。花期春夏，如果气候适宜，其他季节也能开花。

播种或打插、嫁接繁殖。制作小品也可购买形状好的成株、半成株，要求植株不大，枝干短粗，根部膨大。

■ 造型 沙漠玫瑰的造型有大树形、悬崖式、斜干式等，因其茎、枝均为肉质，质脆，易断裂，可通过改变种植角度达到所需要的造型，并剪除多余的枝条，使之疏朗通透。

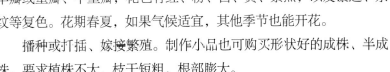

48

沙漠玫瑰

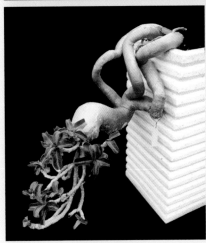

沙漠玫瑰（王文鹏　供图）

■ │ **养护** 沙漠玫瑰生长在热带的沙漠中，喜高温干燥和阳光充足的环境，耐干旱和高温，不耐寒，怕积水，要求有良好的通风。平时要给予充足的阳光，即使盛夏也不必遮光，但要有良好的通风，避免闷热潮湿的环境；雨季应注意排水，避免盆土长期积水。冬季要保持土壤干燥，能耐10℃左右的低温，但其叶片会脱落。日常管理要注意修剪，将过长的枝条剪短，春季进行一次修剪整形，剪除交叉重叠枝、病虫害枝、弱枝和其他影响美观的枝条。每年的春季清明前后换盆一次，盆土要求疏松肥沃、排水透气性良好并含有适量的石灰质，可用肥沃的腐叶土或草炭土、沙土各一半，并掺入少量的骨粉等石灰质材料。栽种时可将部分根茎露出土面，使其虬曲多姿，更加美观。

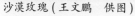
沙漠玫瑰（王文鹏　供图）

第四章
其他类型植物小品

适合制作小品的植物除了前面介绍过的草本植物和多肉植物外,藤本植物、木本植物,甚至一些高大树木的幼苗都可用于小品的制作。

1 地不容

地不容(*Stephania epigaea*)也称金不换、山乌龟,为防己科千金藤属藤本植物。植株具硕大的肉质块根,形状以不规则的圆形为主,也有其他形状,表皮灰褐色,稍粗糙。藤茎由块根顶部的芽眼长出,长达数米,攀缘或缠绕生长,茎绿色或紫红色,下部稍木质化。叶互生,有长柄;叶片纸质,宽卵形或卵形,先端钝圆,基部略平,全缘;叶绿色,背面粉白色。

同属植物约有 50 种,产于我国的约有 32 种,常见的有小叶地不容、黄叶地不容、海南地不容、广西地不容、云南地不容、金线吊乌龟、千金藤等。

繁殖多采用播种的方法,但实生苗生长缓慢。可购买成株制作小品,挑选时注意选择那些块根大小适中,形态奇特的植株,以突出自然韵味。

■ | **造型** 地不容的主要观赏点是其硕大的块根,似奇石而又有生命,上盆时一定要将块根露出土面,并注意对藤蔓的处理,最好能搭架子供其攀爬,并在盆面铺上一层砾石或其他颗粒材料,使之干净整洁。

地不容(兑宝峰 作)

地不容（王俊升　作）

■ **养护**　地不容习性强健，可粗放管
理，喜温暖湿润的环境和充足而柔和的
阳光，耐阴，耐旱，也耐涝，但怕烈日
暴晒。生长期可放在光线明亮又无直射
阳光处养护。平时保持盆土湿润，偶尔
浇水过多和忘记浇水都不会对植株生长
造成太大的影响，但要避免盆土长期积
水和干旱。夏季高温季节，空气较为干燥，
应经常向植株及周围环境喷水，以增加
空气湿度，避免叶片边缘干焦。地不容
喜肥，生长期可每 20 天左右施 1 次腐熟
的稀薄液肥或复合肥，以促使枝叶繁茂。

　　地不容的翻盆多在春季萌芽前进行，
对盆土要求不严，但在含腐殖质丰富、
疏松肥沃、排水良好的土壤中生长更好，
盆栽以富含腐殖质的壤土或园土为好，
也可用园土 5 份、腐叶土 2 份、炉渣 3 份的混合土栽种。

地不容（兑宝峰　作）

2 何首乌

何首乌(*Fallopia multiflora*)为蓼科何首乌属多年生缠绕藤本植物。在气候寒冷的北方地区冬季落叶，而在气候温暖的南方则表现为四季常绿。植株具紫褐色或红褐色的块根，其形状以椭圆形为主，兼有其他形状，藤蔓长2～5米，多分枝，下部木质化，叶长卵形或卵形，先端尖，两面粗糙，全缘，绿色或有白色脉纹。圆锥花序，小花白色，夏季开放。

 小贴士

真假何首乌

近年来，时不时有媒体报道某某地方挖出了"千年何首乌"，而且还配有图片或视频。其外观酷似人体形状，而且男、女两性特征十分显著。其实这种所谓的人形何首乌并不是真正的何首乌，而是用芭蕉根、棕榈心雕刻而成的，也有一些是将芭蕉根或其他生长速度较快的块根类植物放在人形模子内，等长成人形后掘出，再将真何首乌的藤茎插入其顶端冒充何首乌。而在一些地区的背街小巷、自由市场，也有一些农民工打扮的人出售此类所谓的"何首乌"，说是某处施工挖出来的"宝贝"，能够治疗多种疑难杂症，甚至起死回生，返老还童，故事编得有鼻子有眼，其实这都是骗人的把戏。

那么，真假何首乌应该怎么区分呢？

其一，何首乌的外皮呈紫褐色或红褐色，没有或很少有须根；而假何首乌的表皮呈黄褐色或灰褐色，密布须根，看上去较为粗糙。其二，真正的人形何首乌是何首乌块根在遇到石头或其他硬物后，因生长受阻，表面凹凸不平，其中有些略似人形，并不像假何首乌那样则酷似人形，毫发毕现，看上去犹如雕塑而成。

■ **造型** 何首乌通常在冬春季节移栽，上盆时应将过长的藤蔓剪短，适当保留木质化部分，并带上一段结节，有利于发芽和以后的造型。栽种时应注意块根角度的选择，或直或斜，可反复试种，以达到最佳观赏效果。要把大部分块根埋入土壤中，只将部分木质化藤茎露出土面，以保证成活。等活稳后再逐渐去除表面的土壤，进行提根，将硕大的块根露出土表。栽后浇透水，放在背风向阳处养护，以后保持土壤湿润而不积水；发芽后可任其生长，以通过叶片的光合作用，制造更多的养分，以利于长势的恢复。

何首乌为藤本植物，虽然具有硕大的块根，但藤蔓细弱，可利用块根肥大，形似顽石的特点，将其视为"观赏石"进行造型，既可单株栽种，也可数株组合。藤蔓部分则可根据造型的需要进行取舍，展叶后注意修剪，使之层次分明，婆娑自然，以免藤蔓过长，到处攀爬，显得凌乱不堪。

何首乌

何首乌（敲香斋）

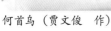
何首乌（贾文俊　作）

何首乌（贾文俊　作）

　　此外，也可在花盆内搭设微型"棚架"或"篱笆"，将藤蔓整理后攀爬其上，形成古朴悠远的农家小院景观，使作品具有田园诗般的意境。《把酒话桑麻》就是一件这样的作品，造型时将一个形态自然古雅、形似奇石的何首乌块根种植长方形花盆的一角，用筷子做成棚架、篱笆，将何首乌的藤蔓引上棚架，再引向篱笆。经采取修剪、整形、控水等措施后，其藤蔓紧凑、叶片小而厚实，作品比例得当。再在花盆表面错落有致地种上一些小草，做成自然地貌，最后在合适的位置摆上两个身着古代汉服、做饮酒状的老者，颇有唐代山水田园诗人孟浩然的《过故人庄》之意境："故人具鸡黍，邀我至田家。绿树村边合，青山郭外斜。开轩面场圃，把酒话桑麻。待到重阳日，还来就菊花。"

■　**养护**　何首乌喜温暖湿润的环境，耐寒冷和瘠薄，对土壤要求不严，但在疏松透气、排水良好的沙质土壤中生长更好。对光照条件要求不严，在荫蔽之处生长的植株虽然藤蔓茂盛，但叶片大而质薄，对观赏不利，因此生长期可放在室外阳光充足，空气流通之处养护，以使其叶片小而厚实，具有较高的观赏性。浇水掌握"不干不浇，浇则浇透"的原则，避免盆土积水，以防块根腐烂。因其耐瘠薄，而且作为小品，也不需要生长太快，因此不必另外施肥。何首乌的萌发力强，藤

岁月沧桑

把酒话桑麻（刘敬宏　作）

蔓生长迅速，生长期应随时进行整修，剪去影响观赏的藤蔓和叶片，以保持其疏朗俊逸的造型。何首乌有一定的耐寒性，冬天可放在冷室内或室外避风向阳处养护，适当浇水，避免干冻。

每1~2年的春天翻盆1次，翻盆时剪去过长的枝蔓，只保留其基本骨架，并剪去腐朽的烂根，以促使新根的萌发，盆土可以园土、沙土、炉渣等混合配制。

3　白蔹

白蔹（*Radix ampelopsis*）也称山地瓜、猫儿卵、鹅抱蛋、见肿消、穿山老鼠，为葡萄科蛇葡萄属（也称白蔹属）多年生半木质藤本攀缘植物。植株具粗壮的肉质块茎，呈纺锤形或长卵形，常数个聚生一起，表皮棕色至黑色，生长旺盛时露出土面部分的表皮有片状剥落。藤茎长2~3米，多分枝，淡紫色。叶与卷须对生，叶为掌状复叶，叶色浓绿，有光泽。聚伞花序与叶对生。果实球形或肾形，8~9月成熟后蓝色或白色，表皮有针孔状凹点。

繁殖可采用分株或播种的方法。

■　造型　白蔹与何首乌都是以古朴苍劲，粗犷而富有野趣的块根取胜植物。其小品造型可参考何首乌。

■　养护　白蔹喜温暖湿润和阳光充足的环境，也耐阴，耐贫瘠和干旱，耐寒冷，但怕积水。地栽可种植于庭院阳光充足、排水良好、无积水处，平时管理较为粗放。可放在南窗台、南阳台、楼顶、庭院开阔处或其他阳光充足处养护，这样可使藤茎粗壮，叶片肥厚，色泽浓绿光亮。掌握"宁干勿湿"的浇水原则，若遇连阴雨天注意排水，以免因土壤积水造成块茎腐烂。注意对枝蔓进行修剪整形，剪去影响株型的枝叶，摘掉干枯的叶子。如果发现生长停滞，茎叶萎蔫，可能是块茎已经发生腐烂，应及时将块茎挖出检查，如果腐烂面积不大，可用锋利的刀将腐烂的部分挖除，并在伤口处

白蔹

涂抹少量的硫黄粉、多菌灵粉剂等药物，晾干伤口处再重新栽种，这些措施都是为了防止伤口再度感染腐烂。

每 1 ~ 2 年的春季发芽前换盆 1 次，盆土宜用疏松肥沃，具有良好排水性的沙质土壤。

乌头叶蛇葡萄（*Ampelopsis aconitifolia*）也叫草葡萄、草白蔹、狗葡萄、过山龙，为葡萄科蛇葡萄属藤本植物，其根部外皮紫褐色，内皮淡粉红色，具黏性。茎细长，有皮孔，卷须与叶对生。叶互生，叶柄较叶短，叶广卵形，3 ~ 5 掌状复叶。聚伞花序与叶对生，小花黄绿色，浆果球形，成熟后橙黄或橙红色，花期 4 ~ 6 月，果实 7 ~ 10 月成熟。

同属的还有蛇葡萄、葎叶蛇葡萄、东北蛇葡萄、三裂叶蛇葡萄、显齿蛇葡萄、粤蛇葡萄等种，有些种的浆果成熟后蓝色，色彩优雅纯净，非常漂亮。

■ | **造型** 乌头叶蛇葡萄在我国有着广泛的分布，可在春季或其他季节到野外掘取。挖掘时剪除过长的藤蔓，以方便携带运输。上盆时

4

乌头叶蛇葡萄

乌头叶蛇葡萄（王小军　作）

注意提根，使其悬根露爪。平时注意修剪，及时剪除影响美观的枝叶，使其层次分明，自然飘逸。

■　**养护**　乌头叶蛇葡萄习性强健，喜温暖湿润环境，在阳光充足处、半阴处都能正常生长，耐寒冷，也耐干旱，对土壤要求不严，但在疏松肥沃、排水良好的沙质土壤生长更好。其日常养护比较简单，平时注意浇水，以保持土壤湿润，但偶尔忘记浇水，对植物的生长影响也不是太大。对于生长旺盛的植株可每月施1次腐熟的稀薄液肥，以促进生长，使叶色翠绿，充满生机。由于乌头叶蛇葡萄为藤本植物，生长较快，注意打头、摘心、修剪整形，以保持株型的美观。冬季放在冷凉的地方，偶尔浇点水就能正常越冬，到来年春季就会有新的枝叶长出，再度营造出绿意盎然的景象。

爬山虎（*Parthenocissus tricuspidata*）别名有爬墙虎、地锦、飞天蜈蚣、假葡萄藤、捆石龙等，为葡萄科爬山虎属落叶藤本植物。植株多分枝，有短的卷须，枝端有吸盘。叶片有的呈宽卵形，有的由3片小叶组成掌状复叶，叶缘有粗锯齿。新芽和新叶在阳光充足的条件下呈红色，以后逐渐转为绿色，到了秋季则全部变红，如同血染，艳丽无比。此外，同属的还有美国地锦（也称五叶地锦）也适合于制作小品，其小叶5片形成掌状复叶。

爬山虎可用扦插繁殖，只要方法得当，即便是较粗的茎干也能成活。扦插一般在春季萌芽前后进行，选择形态古雅奇特的茎干，剪去过长的藤蔓和其他造型不需要的部分，插于沙土中。为了保证其成活，可用生根药物对插穗进行处理。插后覆盖塑料薄膜，进行保湿，以后注意保持土壤、空气湿润，但不要积水。成活后逐渐撤去塑料膜，进行通风"炼苗"，使其适应外界环境。

■ **造型** 制作爬山虎小品，上盆时要选择好角度，或直或斜或悬，从中选取最佳者；可进行提根，使其悬根露爪，以增加作品的沧桑感；注意剪除过长、过多或其他杂乱影响造型的枝蔓，以避免藤蔓缠绕，杂乱无章。造型时可考虑保留数根藤子，既保持树种的特色，又增加了作品的飘逸感；还可利用其枝条柔软、攀附能力强的特点，将其附在形态古雅的老树桩、山石上，也很有特色；也可利用其萌发力强、耐修剪的特点，将树冠修剪成三角形、馒头形等形状。

爬山虎是常见的绿化植物，种子散落地上后就会有幼苗长出，其植株虽然不大，但根部相对肥硕，移植到盆钵中就是一件很好的小品（如下图①）。经过一段时间，藤子长了不少，于是就换一个大点的盆，并对植株整形，除去过多过乱的藤子，对于保留下来的3根藤子也要梳理，使之自然飘逸（下图②）。

爬山虎小品（兑宝峰 作）

下图的 A 与 B 是一件作品不同时期的照片，A 藤蔓不多，但线条流畅，与下面摆放的饰件仕女、菖蒲相呼应，简约而空灵；B 藤蔓较多，生机盎然，下面的饰件也换成了一件根雕，呈现出自然质朴之美。

爬山虎小品（张延信　作）

爬山虎（田园　作）

爬山虎（戴月　作）

A   B

飘（王小军　作）

逸（王小军　作）

秋韵（卫正军　作）

■ | **养护**　爬山虎喜温暖湿润和阳光充足的环境，放在室外阳光充足处养护，可使叶片小而厚实。由于其叶片较多，蒸发量大，应注意浇水和向植株喷水。由于爬山虎本身就耐瘠薄，而且作为小品不需要生长太快，以维持形态的优美，因此栽培中不需要施太多的肥。冬季落叶后移入冷室内越冬，盆土不结冰可安全越冬。

每年春天发芽前进行1次修剪整形，剪去徒长枝、交叉重叠枝、病虫枝以及其他影响树形的枝条，将过长的剪短，只保留其骨架，等新叶长出后，鲜嫩可爱，枝条飘逸下垂，非常有特色。爬山虎的生长速度较快，萌发力强，生长期及时抹去多余的芽和影响树形的枝条，以保持盆景造型的完美。爬山虎的新芽及新叶红艳动人，可在生长期摘掉老叶，促使萌发新叶，以增加观赏性。

每1～2年的春天翻盆1次，盆土要求疏松透气，含腐殖质丰富，可用园土、腐殖土、沙土等混合配制。

6

山葡萄

山葡萄（*Vitis amurensis*）为葡萄科葡萄属木质藤本落叶植物。小枝圆柱形，无毛。叶阔卵圆形。圆锥花序疏散，与叶对生。果实蓝紫色，7～9月成熟。

山葡萄的繁殖以扦插为主。制作小品也可采用生长多年的山葡萄桩子，在冬、春季节将其挖下，剪去过长的藤蔓，先栽在较大的瓦盆或地下"养坯"，成活后进行造型。山葡萄的蓝色果实虽然很美，但在小品中是以虬曲的根、干和飘逸的枝叶取胜，在造型时应注意保留这些特点，使之富有大自然野趣。

山葡萄（王小军　作）

飘逸（郑州人民公园）

绿荫对弈（郑州人民公园）

■ | **养护** 山葡萄喜阳光充足的环境，耐寒冷。平时可放在室外阳光充足之处养护，其叶片较大，蒸发量也大，因此应注意浇水，保持土壤和空气的湿润。其藤蔓生长较快，注意修剪整形，以保持树形的优美。因其新叶小而质厚，色泽也比较鲜亮，因此可在夏秋季节摘叶 1 ～ 2 次，以促发观赏性较高的新叶。冬季应移入冷室内，勿使盆土结冰。每 1 ～ 2 年的春季翻盆 1 次，盆土宜用疏松肥沃的沙质土壤。

薜荔（*Ficus pumila*）又名凉粉子、凉粉果、木莲，为桑科榕属攀缘或匍匐灌木。叶两型：不结果枝节上生不定根，其叶卵状心形，较小，薄革质；结果枝上则无不定根，叶片较大，卵状椭圆形，革质。榕果单生于叶腋，瘦果近球形，有黏液。

薜荔的繁殖可在生长季节扦插，将温度控制在 25℃ 左右，约经 20 天可产生愈合组织，40 天左右生根。

7

薜荔

■ | **造型** 薜荔枝条飘逸，叶色碧绿。制作小品时可植于较高的盆器内，使其枝叶自然下垂；注意剪除一些杂乱的枝条，以突出潇洒俊

薜荔

逸的特色。此外，还可与赏石搭配，通过引导，使藤蔓攀缘在山石上，自然而富有野趣。

■ **养护** 薜荔喜温暖湿润的半阴环境，不耐寒，适宜在含腐殖质丰富、肥沃疏松的土壤中生长。生长期可置于阴棚下或其他无直射阳光处，勤浇水和向植株喷水，以保持空气和土壤湿润，使其叶色翠绿宜人。每15～20天施1次薄肥。冬季应移入室内光照充足之处养护，5℃以上可安全越冬。

---

8 飘香藤

飘香藤（*Dipladenia sanderi*）也称双腺藤、双喜藤、文藤、双皱藤、红蝉花，夹竹桃科双腺藤属常绿藤本植物。具块状根，藤茎柔软而富有韧形。叶椭圆形，革质，浓绿色，有光泽。花朵漏斗形，红色至深粉红色，花茎6～8厘米，有芳香；主要在夏秋季节开放，如果养护得到，其他季节也能开放。

繁殖可在生长季节扦插或压条、播种等方法。

■ **造型** 可利用飘香藤枝条柔软的特性，用金属丝将其蟠扎成各种形状。无论采用何种形状，都要突出其枝条修长飘逸的特色。其根部发达，近乎于肉质，尤其是多年生的植株根部更是粗壮，可提出土面，使之沧桑古雅。

■ **养护** 飘香藤喜温暖湿润和阳光充足的环境，虽然在光照不足处也能生长，但开花量会减少。生长期保持土壤湿润，每10天左右施1次以磷钾为主的复合肥，以促进其开花。因其是藤本植物，枝条漫长，应注意修剪，残花也要及时摘除，以保持美观。飘香藤的耐寒性较差，越冬温度应在8℃以上。每2年左右翻盆1次，盆土要求疏松透气，排水性良好。

飘香藤的花

飘香藤（郑州贝利得花卉有限公司）

络石（*Trachelospermum jasminoides*）也称万字茉莉，为夹竹桃科络石属常绿木质藤本植物。老茎赤褐色，圆柱形，有皮孔。小枝被黄色柔毛，老时渐无毛。叶革质或近革质，椭圆形至卵状椭圆形或宽倒卵形，顶端锐尖至渐尖或钝；入秋经霜后叶色由绿转红，最后呈紫红色。二歧聚伞花序腋生或顶生，花多朵组成圆锥状，花白色，芳香。花期3~7月。

除络石外，还有'花叶络石''黄金络石''小叶络石'（日本称之为'缩缅葛'）等品种也可用于制作小品。

络石的繁殖可在生长期进行扦插或压条。

9

络
石

■ | **造型** 络石枝条自然飘逸，可利用这一植物的自然属性，植于较高的签筒盆内，剪去影响美观的杂乱枝条。经适当养护，枝叶下垂，婀娜飘逸，富有动感。也可与奇石搭配，形成刚与柔的对比。

浪漫（李兆祥　作）

飘逸（敲香斋）

■ | **养护** 络石喜温暖湿润的半阴环境，稍耐阴，有一定的耐寒性。4～10月的生长期宜保持土壤湿润，每15天左右施1次以磷钾为主的稀薄液肥，以促进植株开花。冬季应移入室内，不低于0℃可安全越冬。冬季或春季进行整形，剪除干枯枝、细弱枝、过密枝、缠绕交叉枝以及其他杂乱枝，将过长的藤蔓剪短，以保持树形的优美，有利于内部的通风透光。

每2～3年的春天翻盆1次，盆土要求疏松透气，可用腐殖土或园土掺沙土配制。

野趣（陈冠军　作）

柽柳（*Tamarix chinensis*）也称三春柳、观音柳、红柳，为柽柳科柽柳属落叶灌木或小乔木。株高2～5米，植株多分枝，树形开张或疏散，有些枝条下垂。新枝树皮光滑，红褐或紫褐色；老干树皮粗糙多裂纹，呈灰黑色。叶互生，无柄，叶片细小，呈鳞片状酷似柏树叶，蓝绿色。圆锥状花序着生于当年生枝条顶端，小花粉红色，春末至秋季开放。

柽柳的繁殖可用播种、扦插、压条等方法，均易成活。

■ **造型** 柽柳的种子成熟后会飘落，随风飞扬，遇到合适的土壤及环境就会发芽成苗，因此在有柽柳的地方常会有小苗出现，将其移栽到小盆中，经适当修剪、整形，即成为一盆自然清新、富有野趣的柽柳小品。当然，亦可采用盆景的技法，用金属丝蟠扎，使枝条下垂，呈依依的仿垂柳造型，或者适当修剪，使之老干绿叶相映成趣，以表现大自然野趣。如下面的作品，不管是摆小鸭子还是摆的小房子均有画蛇添足之嫌，什么都不摆，倒是自然简约，颇有大自然之野趣。

野趣（兑宝峰　作）

■ **养护** 柽柳喜温暖湿润和阳光充足的环境，耐半阴和寒冷。生长期放在室外空气流通、阳光充足处养护，经常浇水，以保持盆土湿润，避免因干旱引起叶片发黄脱落，经常向植株喷水，以增加空气湿度，使其叶片翠绿，新枝健壮。每7～10天施1次腐熟的稀薄液肥，为其提供充足的养分，使植株生长旺盛；肥液宜淡不宜浓，做到"薄肥勤施"。

柽柳生长迅速，萌发力强，为保持树形的优美，生长期可随时剪除影响造型的枝条；柽柳的花观赏价值不高，应及时剪去花序，使其叶色翠绿宜人，维持作品的和谐统一。冬季放在冷室内越冬，保持盆土不结冰、不过分干燥即可，黄河以南地区也可在室外避风向阳处越冬，保持土壤稍湿润，以防因"干冻"引起的退枝，严重时甚至会整株死亡。每年春季翻盆1次，盆土可用沙土、园土各1份的混合土，若浇几遍腐熟的液肥或掺入少量的草木灰则效果更好。

11 羽叶福禄桐

羽叶福禄桐（*Polyscias fruticosa*）又名细叶福禄桐、羽叶南洋森、羽叶富贵树，为五加科南洋森属常绿灌木。主干直立而略呈小曲折，侧枝多下垂，茎枝表面具皮孔。2～3回羽状复叶，小叶披针狭长状，叶缘深至浅羽状裂。本属的福禄桐、圆叶福禄桐、皱叶福禄桐等也见于栽培。

羽叶福禄桐的繁殖可剪取1～2年生的枝条进行扦插，插穗长10厘米左右，去掉大部分叶片，以减少蒸发，在20～25℃的条件下，保持较高的空气湿度，4～6周可生根。还可用木质化茎干进行插，也很容易成活。

■ | **造型** 羽叶福禄桐株型潇洒优美，叶片密集，颇具大树风采，或单株成景，或数株组合，表现丛林景观，上盆时剪去多余的枝叶，尤其是下部的枝叶一定要剪除，露出树干；作组合造型时注意植株的高与矮、疏与密的对比。最后在盆面点石、铺青苔，栽种陪衬植物，以增加自然野趣。

野趣（第十七届青州花博会）

禅

羽叶福禄桐

■ │ **养护** 羽叶福禄桐喜温暖湿润的半阴环境，在稍荫蔽的条件也能正常生长，不耐寒，怕干旱。平时可放在光线明亮的室内养护，如果每天能在室内见到数小时的阳光则生长更为旺盛。夏季注意避免室外强烈阳光的直射。生长期保持盆土湿润而不积水，经常用与室温相近的水向植株喷洒，以增加空气湿度，使叶色清新。越冬温度宜维持10℃以上。每2～3年换盆1次，盆土要求疏松肥沃、含腐殖质丰富、排水透气性良好。

澳洲杉（*Araucaria heterophylla*）又名异叶南洋杉，南洋杉科南洋杉属常绿乔木。根、枝、干的表皮均为红褐色。大枝轮生而平展，分层清晰，侧生小枝羽状，密集而下垂。叶锥形，4棱，绿色，呈螺旋状互生。

常用扦插的方法繁殖，也可用播种法繁殖或在生长季节用高空压条法繁殖。

■ │ **造型** 澳洲杉根系发达，枝叶密集，略微下垂，造型时可将其提出土面或附在山石上，剪去多余的枝叶，使之疏朗通透、清奇古雅。

12

澳洲杉

山居人家（郑州陈砦花市）

牧歌（郑州植物园）

生态家园（郑州陈砦花市）

和谐（郑州陈砦花市）

■ **养护** 澳洲杉喜温暖湿润和阳光充足的环境，稍耐半阴，春夏秋三季的生长季节，可放在室外通风良好、阳光充足处养护，浇水做到"不干不浇，浇则浇透"，避免盆土过于干燥，并在空气干燥时向植株喷水，以使叶色清新；每20天左右施1次腐熟的稀薄液肥，为使叶色浓绿，可喷施叶面宝等叶面肥。冬季放在避风向阳处越冬，若遇寒流可移至室内，也可在冷室内越冬，控制浇水，保持盆土0℃以上不结冰即可。每1～2年的春季翻盆1次，盆土宜用疏松肥沃，含腐殖质丰富的中性至微酸性土壤。

三老对弈

需要指出的是，澳洲杉顶端优势较强，当植株长到一定的高度后，可将顶部截去，以控制植株高度；对于侧枝也要疏剪，以使其高低错落，疏密有致，合乎造型要求，但对于轮生枝则要有选择地保留，以突出品种特色，保持其特有风貌。

竹柏（*Podocarpus nagi*）别名糖鸡子、罗汉柴、山杉、铁甲树，罗汉松科竹柏树常绿乔木，在原产地可长成高20米，胸径50厘米的大树。嫩枝绿色，老枝灰褐色；叶交互对生或近对生，形似竹叶。

繁殖可用播种、扦插、压条等方法，也可到市场购买小苗制作小品。

■ **造型** 竹柏因其植株细弱，常数株同植于一盆，栽种时可参考竹子小品景的制作方法，注意高低的错落以及左右前后的位置，使其疏密得当，清秀典雅，以突出竹柏独有的风韵，并根据表现的意境不同，在盆面摆上大熊猫、牧童等陶瓷摆件，使其富有趣味性。

■ **养护** 竹柏喜温暖湿润的半阴环境，耐荫蔽，怕烈日暴晒，在阳光较强的5～9月注意遮光，以免强烈的直射阳光灼伤根颈处，造成植株枯死。生长期保持盆土湿润而不积水，经常向叶面及植株周围

13

竹柏

清雅

竹韵（第十七届青州花博会）

竹柏

雅趣

喷水，以增加空气湿度，使叶色浓绿光亮，防止因空气干燥使叶缘干枯。因小品不需要生长的太快，一般不需要另外施肥，但为了使叶色浓绿，可在生长旺季施2～3次矾肥水。栽培中注意修剪整形，剪去影响植株美观的枝条，摘去老化发黄的叶片，以控制植株高度，保持株型的优美。冬季置于室内光线明亮之处，控制浇水，不低于0℃即可安全越冬。每年春季换盆一次，盆土可用腐叶土或草炭土3份、园土2份、沙土1份的混合土。

14

瓜栗

　　瓜栗（*Pachira macrocarpa*）别名发财树、马拉巴栗、中美木棉，木棉科瓜栗属常绿小乔木。叶掌状，小叶7～11枚，长圆形至倒卵圆形。

　　瓜栗可用播种、扦插、压条等方法繁殖。因其是常见的观叶植物，所以用于制作小品的植株也可到市场购买，其中有些经过初次造型的植株，直接配个适宜的盆器就是一件很好的小品。

■｜**造型**　巴栗枝条柔软，可加工成各种形状，甚至将其编成辫子状。这些重型虽然奇特，但缺乏自然气息，个人认为不宜过多提倡。因此，造型时应注重植物的自然美，使之枝叶扶疏秀美，必要时可将根系提出土面，以增加天然野趣。

瓜栗

■｜**养护**　瓜栗喜温暖湿润和半阴的环境，稍耐旱，怕积水，不耐寒。冬季和早春可给予充足的阳光，夏秋季节则要注意遮阴，以避免烈日暴晒造成叶子干枯。平时保持土壤湿润，千万不要积水，否则很容易造成烂根。可经常向叶面喷水，以增加空气湿度，使叶色清新润泽。作为小品栽种的植株，因不需要长得太快，可不必施肥。养护中还要注意整形，去掉影响美观的枝叶，以保持树形的美观大方。冬季应移入室内光照充足的地方养护，不可低于10℃。

15 梅花

梅花（*Armeniaca mume*）为蔷薇科李属落叶小乔木或灌木。其枝条除正常的直枝外，还有垂枝、龙游等变化。花1～2朵着生于枝条的叶腋间，具短梗，花色有白、淡绿、粉、红、紫等色，有些品种花瓣上还有彩色斑块或条纹，其中有种跳枝梅，在一株甚至一枝梅花上能开出两种不同颜色的花朵。因各地气候的差异，花在1～3月陆续开放。梅花的品种很多，大致可分为直脚系、照水系、杏梅系、龙游系等几个系列，常见的宫粉、朱砂、白梅、龙游梅、美人梅、垂枝梅等品种。

梅花的繁殖可用播种的方法，对于优良品种，也可用桃、杏或梅花的实生苗作砧木，以枝接或芽接的方法进行嫁接。用于制作小品的梅花，也可取生长多年、植株矮小、形态古朴的老梅桩直接上盆。移栽可在春季花谢后进行，挖掘时将主根截断，多留侧根，并对老干进行整形，剪除部分枝条，先栽在地下或较大的瓦盆中养护，等新的根系发育完善后再上观赏盆。

■ **造型** 梅花是我国的传统名花，有着浓厚而丰富的文化底蕴，在长期的栽培过程中形成了一套固有鉴赏标准：以树干苍老古朴，枝条稀疏为美。贵稀不贵繁，贵老不贵嫩，贵瘦不贵肥，贵含不贵开，贵斜不贵正。以曲为美，直则无姿；以疏为美，密则无韵；以欹为美，正则无景。这些都可供制作小品时参考。在造型时要做到树干或倾斜或弯曲，枝条也不要太密，尤其是小品，本身体量就不大，枝条更不宜多，否则会的凌乱不堪，难以突出梅花清雅的特色。形态则可根据需要，或上扬、或下垂、或平伸。通常在春季花谢后采用修剪与蟠扎

雅趣（郑州植物园）

雅趣（郑州植物园）

相结合的方法造型，剪去多余的枝条，对于位置不适宜的枝条，可用金属丝蟠扎调整的方法，使之达到理想的位置。

红梅赞（郑州碧沙岗公园）

红梅赞歌（郑州植物园）

暗香（张建民　作）

疏影横斜（郑州植物园）

红梅报春（郑州植物园）

梅韵（郑州植物园）

白梅（郑州植物园）

小贴士

岁寒三友

在中国传统文化中，冰清玉洁的梅与象征常青不老的松、有着君子之道的竹谓之"岁寒三友"。在小品中可将梅（亦可用蜡梅）与松树（包括五针松、黑松、赤松等松树品种以及罗汉松、绣球松等类似松的植物）、竹（可用文竹、南天竹、袖珍椰子等类竹植物替代）合植于一盆，所选用的盆器宜选择长方形或椭圆形盆，这样可显得视野开阔。栽种时切不可3种植物同等高度，也不要将3种植物置于同一线上，应使其高低错落，有一定的层次感；可根据需要点缀奇石、栽植小草，做出自然起伏的地貌形态；最后在铺上青苔，使盆面清洁典雅。

以蜡梅、黑松、竹子为素材的岁寒三友（郑州碧沙岗公园）

以蜡梅、竹子、黑松为素材的岁寒三友（郑州文化广场）

以竹子、松树、红梅为素材的岁寒三友（郑州西流湖公园）

以竹子、松树、红梅为素材的岁寒三友（郑州西流湖公园）

以佛肚竹、罗汉松、红梅为素材的岁寒三友（张建民　作）

以竹子、松树、红梅为素材的岁寒三友（郑州西流湖公园）

养护　梅花喜温暖湿润和阳光充足、通风良好的环境,耐寒冷和干旱,耐瘠薄,但怕涝。平时可放在室外光照充足、空气流通的地方养护,若阳光不足,则影响花芽的分化,对以后的开花不利。生长期浇水做到"不干不浇,浇则浇透"的原则,避免盆土积水,否则会造成烂根。5月下旬至6月下旬是梅花花芽生理分化的前期,要适当控制浇水,等新生枝条梢尖有轻度萎蔫时再浇水,还可用手将新梢尖捏蔫,如此反复几次可破坏其生长点,以控制枝条生长速度,有利于花芽分化。进入7月可正常浇水,以满足生长对水分的要求,若遇雨天要注意排水防涝。生长期每15天左右施1次腐熟的稀薄液肥,5～6月各增施1次0.2%磷酸二氢钾、过磷酸钙之类的磷钾肥溶液,以利于花芽的形成。

北方地区在初冬移至室内阳光充足处养护,保持0～6℃的室温,每2天左右向植株洒些清水,以增加空气湿度,防止枝梢枯萎,但土壤不必过湿。12月花芽开始萌动,可再施2次0.2%的磷酸二氢钾溶液和适量的氮肥,以促使花大、味香。

花谢后进行1次修剪,剪掉病虫枝、过密枝以及其他造型不需要的枝条,将老枝短截,每个枝条仅留2～3个芽,以促发新枝。当新生枝长到一定长度时进行摘心。每2～3年翻盆1次,可在春季花谢后进行,盆土宜用疏松肥沃、排水良好的沙质土壤,并掺入少量的骨粉或在盆的下部放几块动物的蹄甲作基肥。新栽的植株放在荫蔽处缓苗1周左右再移到阳光充足处养护。

16 海棠

海棠，有"花中神仙""花贵妃""花尊贵"之称，与国花牡丹、国香兰花、国魂梅花并称中国春花四绝。其种类很多，大致可分为蔷薇科的苹果属和木瓜属两大类。适合制作小品的有苹果属的垂丝海棠、西府海棠、冬红果海棠以及北美系列海棠；木瓜属的贴梗海棠、木瓜海棠、东洋锦、倭海棠、长寿梅等品种。

海棠的繁殖可用播种、嫁接、压条、扦插、分株等方法繁殖，其中苹果属的海棠扦插生根困难，不宜采用。此外，也可到花市、苗圃等处购买形态佳的苗木制作小品。

造型 海棠小品常见的有直干式、斜干式、临水式。悬崖式等造型，可通过改变种植角度，辅以修剪、蟠扎等技法，使之达到所需要的形态。上盆时应注意观察，选择最好的角度，有些看似平常的植株，只要稍加改造，换个角度栽种，就能有化腐朽为神奇的艺术魅力。

造型时剪去影响美观的枝条，所留的枝条不宜过密，以疏朗为佳，使其清新典雅，点点几枝就能勾画出海棠所独有的神韵，达到"源于自然，有高于自然"的艺术效果。

春之韵（敲香斋）

春意盎然（王小军　作）

木瓜属海棠含苞（敲香斋）

绽放（敲香斋）

红（敲香斋）

繁花（敲香斋）

疏影横斜（王小军　作）

花季（郑州碧沙岗公园）

硕果（吴吉成 作）

野趣（郑州碧沙岗公园）

花（郑州碧沙岗公园）

红点点（郑州碧沙岗公园）

■ **养护** 海棠喜温暖湿润和阳光充足的环境，有一定的耐寒和抗旱能力，但怕水涝。生长期可放在室外阳光充足、通风良好的地方养护，浇水做到"不干不浇，浇则浇透"，避免盆土积水，雨季注意排水防涝，否则会使叶片发黄，甚至植株死亡。空气过于干燥时可向植株喷水，以增加空气湿度，有利于植株生长。每半月施1次腐熟的稀薄液肥或复合肥，每年的10月在花盆内埋入腐熟的饼肥，以支持来年植株的生长和开花。

开花后将花盆移至较为凉爽的地方，以减少植株的代谢，延长花期。对于某些以观花为主的品种，花后可摘除残花，勿令其结果，以利于树势的恢复。花后

西府海棠（郑州碧沙岗公园）

垂丝海棠（郑州碧沙岗公园）

冬红果海棠（安阳三角湖公园）

进行 1 次修剪整形，剪去枯枝、病虫枝、徒长枝、交叉枝、重叠枝以及其他影响树形的枝条，以保持树形的优美和内部的通风透光，把已开过花的老枝顶部剪短，以集中养分，多发花枝。每年春季换盆 1 次，盆土要求疏松肥沃，含腐殖质丰富，并有良好排水透气的沙质土壤，并在盆底放些腐熟的饼肥、动物蹄甲、骨头等做基肥。

北美海棠（郑州碧沙岗公园）

17 月季

月季（*Rosa chinensis*）为蔷薇科蔷薇属落叶灌木。其品种很多，制作小品适合用植株不大、叶片小而稠密、花朵玲珑精致、色彩丰富的微型月季。

月季常用扦插的方法繁殖，制作小品的植株也可用购买的成品微型月季。

■ **造型** 可在春季萌芽前，选择株型优美的微型月季，经过修剪后，植于小紫砂盆、瓷盆以及紫砂壶、杯子、石盆等器皿中。栽种时注意植株的角度，开花前后注意用金属丝调整枝条的位置与走向，使花朵疏密得当，分布合理。

■ **养护** 月季喜温暖湿润和阳光充足、通风良好的环境，忌阴湿，耐寒冷。4～10 月的生长季节可放在室外光照充足，空气流通的地方养护。平时可将小花盆埋在沙床或较大的瓦盆中养护，这样可以避免因花盆过小，引起水分蒸发过快，枝叶干枯，严重时甚至植株死亡。

高山流水（敲香斋）

壶中春色（王小军 作）

一点红（王小军 作）

绿之韵（王小军 作）

溢春（王小军 作）

窈窕（王小军 作）

岁月（郑州人民公园）

红红火火（郑州人民公园）

月季小品（王小军　作）

双艳（敲香斋）

二色（郑州碧沙岗公园）

醉花荫（王小军 作）

根的旋律（马雷 作）

生长期浇水应做到"见干见湿"，盆土过于干燥或积水都不利于植株生长。晚春及初夏北方地区常有干热风出现，除正常浇水外还应经常向植株及周围地面洒水，以增加空气湿度，避免新芽嫩叶焦枯。夏季高温时水分蒸发量很大，要及时补充水分，以免叶片发蔫，影响生长；最好每天早晚各浇1次水，浇水要透，不要浇半截水。雨天则要停止浇水，雨后若有盆土被冲刷掉，应及时培土。遇连阴雨天要注意排水防涝，避免根系长期泡在水中造成烂根。

花篮

春季萌芽后每7天左右施1次液肥，开始时可薄肥勤施，以后逐渐加大浓度；秋末则要停止施肥，并适当控制水分，以免新梢徒长而降低抗霜冻能力。开花前可用牵拉的方法调整枝条的位置，以使花朵分布合理。开花后停止施肥，控制浇水，以避免因水肥过大而导致植株新芽长势过旺，使花朵得不到充足的养分而提前凋谢。宜将盆景移到无直射阳光处或室内，以降低温度，延长花期；花后及时移到室外阳光充足处，并剪去残花及上部的枝条，以免消耗过多的养分，影响生长。修剪时最好将芽口留在外侧，并剪除使树冠蓬松的长枝，以留出下次枝条伸长开花时的位置，使树冠形态优美。

11月对植株进行1次定型修剪，剪除枯枝、弱枝、徒长枝和内膛枝，并将所保留的枝条剪短，冬季应移至冷室内或连盆埋入室外避风向阳处越冬。也可将植株从紫砂盆之类的细盆中扣出，深栽于瓦盆或室外地下越冬。每年春季进行翻盆换土，盆土可用疏松肥沃、排水良好的中性土壤，并在盆底放些腐熟的碎骨头、动物的蹄甲片或过磷酸钙等含磷量较高的肥料作基肥。